"十二五"职业教育国家规划教材

经全国职业教育教材审定委员会审定

数控技术应用专业

机械加工检测技术

（第2版）

Jixie Jiagong Jiance Jishu

崔　陵　娄海滨　童燕波　主　编

高等教育出版社·北京

内容简介

本书是"十二五"职业教育国家规划教材，依据教育部《中等职业学校数控技术应用专业教学标准》，严格执行尺寸公差、表面结构要求、几何公差等相关国家标准编写而成。

本书以任务驱动模式编排，共有六个教学项目：走进零件测量、零件线性尺寸的测量、零件几何误差的测量、螺纹的测量、典型零件的综合检测及零件的精密测量。

本书中测量使用的零件选自生产实际中的一些常见零件，因此每个教学项目均具有可操作性。

本书配套学习卡资源，请登录 Abook 网站 http://abook.hep.com.cn/sve，获取相关教学资源。详细说明见书末"郑重声明"页。

本书可作为中等职业学校数控技术应用专业及相关专业的教学用书，也可作为相关人员岗位培训及自学用书。

图书在版编目（CIP）数据

机械加工检测技术／崔陵，娄海滨，童燕波主编
. --2 版. --北京：高等教育出版社，2021.12
数控技术应用专业
ISBN 978 - 7 - 04 - 057179 - 0

Ⅰ.①机… Ⅱ.①崔… ②娄… ③童… Ⅲ.①金属切削-检测-中等专业学校-教材 Ⅳ.①TG80

中国版本图书馆 CIP 数据核字（2021）第 205972 号

策划编辑 张春英	责任编辑 张春英	封面设计 王 琰	版式设计 杜微言
责任校对 王 雨	责任印制 刁 毅		

出版发行	高等教育出版社	网　　址	http：//www.hep.edu.cn
社　　址	北京市西城区德外大街 4 号		http：//www.hep.com.cn
邮政编码	100120	网上订购	http：//www.hepmall.com.cn
印　　刷	肥城新华印刷有限公司		http：//www.hepmall.com
开　　本	889mm×1194mm　1/16		http：//www.hepmall.cn
印　　张	13.25	版　　次	2015 年 7 月第 1 版
字　　数	270 千字		2021 年 12 月第 2 版
购书热线	010-58581118	印　　次	2021 年 12 月第 1 次印刷
咨询电话	400-810-0598	定　　价	31.50 元

出版说明

　　教材是教学过程的重要载体,加强教材建设是深化职业教育教学改革的有效途径,是推进人才培养模式改革的重要条件,也是推动中高职协调发展的基础性工程,对促进现代职业教育体系建设,提高职业教育人才培养质量具有十分重要的作用。

　　为进一步加强职业教育教材建设,2012 年,教育部制订了《关于"十二五"职业教育教材建设的若干意见》(教职成〔2012〕9 号),并启动了"十二五"职业教育国家规划教材的选题立项工作。作为全国最大的职业教育教材出版基地,高等教育出版社整合优质出版资源,积极参与此项工作,"计算机应用"等 110 个专业的中等职业教育专业技能课教材选题通过立项,覆盖了《中等职业学校专业目录》中的全部大类专业,是涉及专业面最广、承担出版任务最多的出版单位,充分发挥了教材建设主力军和国家队的作用。2015 年 5 月,经全国职业教育教材审定委员会审定,教育部公布了首批中职"十二五"职业教育国家规划教材,高等教育出版社有 300 余种中职教材通过审定,涉及中职 10 个专业大类的 46 个专业,占首批公布的中职"十二五"国家规划教材的 30% 以上。我社今后还将按照教育部的统一部署,继续完成后续专业国家规划教材的编写、审定和出版工作。

　　高等教育出版社中职"十二五"国家规划教材的编者,有参与制订中等职业学校专业教学标准的专家,有学科领域的领军人物,有行业企业的专业技术人员,以及教学一线的教学名师、教学骨干,他们为保证教材编写质量奠定了基础。教材编写力图突出以下五个特点:

　　1. 执行新标准。以《中等职业学校专业教学标准(试行)》为依据,服务经济社会发展和产业转型升级。教材内容体现产教融合,对接职业标准和企业用人要求,反映新知识、新技术、新工艺、新方法。

　　2. 构建新体系。教材整体规划、统筹安排,注重系统培养,兼顾多样成才。遵循技术技能人才培养规律,构建服务于中高职衔接、职业教育与普通教育相互沟通的现代职业教育教材体系。

3. 找准新起点。教材编写图文并茂，通顺易懂，遵循中职学生学习特点，贴近工作过程，技术流程，将技能训练、技术学习与理论知识有机结合，便于学生系统学习和掌握，符合职业教育的培养目标与学生认知规律。

4. 推进新模式。改革教材编写体例，创新内容呈现形式，适应项目教学 、案例教学、情景教学、工作过程导向教学等多元化教学方式，突出"做中学、做中教"的职业教育特色。

5. 配套新资源。秉承高等教育出版社数字化教学资源建设的传统与优势，教材内容与数字化教学资源紧密结合，纸质教材配套多媒体、网络教学资源，形成数字化、立体化的教学资源体系，为促进职业教育教学信息化提供有力支持。

为更好地服务教学，高等教育出版社还将以国家规划教材为基础，广泛开展教师培训和教学研讨活动，为提高职业教育教学质量贡献更多力量。

高等教育出版社

2015 年 5 月

前言

本书是"十二五"职业教育国家规划教材，依据教育部《中等职业学校数控技术应用专业教学标准》，并参照尺寸公差、几何公差等相关最新国家标准编写而成。

本书以培养学生综合职业能力为出发点，涉及的知识、工艺和技术均充分考虑了学生的认知能力、实践能力及企业生产一线的岗位技术需要，编写中坚持技能为主、理论适度够用，同时注重学习者的岗位职业素养的培养。全书以任务驱动模式编排，共有六个教学项目：走进零件测量、零件线性尺寸的测量、零件几何误差的测量、螺纹的测量、典型零件的综合检测和零件的精密测量。包含各种常用量具（游标卡尺、外径千分尺、百分表、内径量表、杠杆百分表、直角尺、游标万能角度尺、量块与正弦规）、量仪（水平仪、立式光学比较仪、表面粗糙度测量仪、三坐标测量机等）的使用与保养等。

本书具有以下特色：

（1）采用最新的国家标准和行业标准。

（2）力求以应用为目的，以必需、够用为度，以讲清概念、强化实践动手能力为重点，贯彻以任务为引领、以教学项目为载体原则。培养学生关注工作任务的完成，而不是迫使学生记忆知识，让学生在快乐学习中体验成功。

（3）测量使用的零件选自生产实际中的一些常见零件，因此每个教学项目均具有可操作性。为学生提供了体验完整测量过程的机会，解决了测量实践教学较难开展这个长期困扰零件测量教学的关键问题。

（4）重点加强技能技巧的讲解，用通俗易懂的语言，图文并茂地说明术语、定义、公式和测量技能、技巧等。

（5）体例新颖。每个教学项目包含若干个任务，根据任务实施的具体需要，有的还进一步设计有活动和方法。项目中一般有以下几个环节：

［学习目标］　说明本项目的主要学习内容，让学生明确学习目标，并根据学习目标检查

自己的学习情况，查漏补缺。

[工作情境] 让学生了解本次任务学习的技能、知识和能力在实际工作岗位中的应用。

[相关知识] 让学生明确本次任务需要学习的技能、知识。

[任务分析]/[活动分析] 参照零件测量的要求，分析、解读任务/活动的内容和要求。

[任务实施]/[活动实施] 参照零件测量的过程，安排任务/活动实施的过程、步骤。

知识链接 所有技能操作、学习过程中需要的知识，均以虚线框的形式直接在相应位置呈现，以期做到理论与实践学习的一体化。

[任务拓展]/[活动拓展] 为使学生及时巩固、消化和吸收所学技能而设计的与本次目标相对应的技能训练。

[知识拓展] 本次任务没有用到，而在生产实际中可能要用到的知识；或提供一些阅读资料，主要包含新工艺、新知识、新技术等，为学生拓展学习空间。

[任务评价]/[活动评价] 注重过程评价，精心设计了评价表，供学生、教师在任务/活动完成后及时对学习过程作出评价。

[想想练练] 为使学生及时巩固、消化和吸收所学知识，设计的与本次任务目标对应的开放式、探究性的思考和操作练习题。

本书由崔陵、娄海滨、童燕波担任主编，曹克胜担任副主编，陶慧、成淑丽、张杰参与编写修订。编写人员及分工如下：娄海滨负责全书统稿、审校和编写项目六，童燕波编写项目一、二和附录汇编，曹克胜编写项目三，陶慧编写项目四，成淑丽编写项目五，张杰整理全书图样。

本书可作为中等职业学校数控技术应用专业及相关专业的教学用书，也可作为相关人员岗位培训及自学用书。计划授课 60 学时，带"＊"的内容为选学内容，教师可根据需要对学时进行调整，也可以安排在车工等工种需要测量的教学环节学习。具体学时分配参见下表：

教学内容	项目一	项目二	项目三	项目四	项目五	＊项目六
参考学时	6	16	20	6	12	4
合计	60+4					

杭州大精机械制造有限公司对本书的编写提供了许多帮助，在此表示感谢。另外，书中有些阅读材料等内容来自网络，在此向相应的作者表示感谢。

由于编写时间仓促，编者水平有限，书中难免存在错误和不当之处，恳请广大读者批评指正。读者意见反馈信箱 zz_ dzyj@ pub. hep. cn。

编　者
2021 年 5 月

目录

项目一 走进零件测量

"没有测量，就没有科学。"

———门捷列夫

测量技术是机械制造业发展的先决条件和不可缺少的技术基础，即使是现代制造技术高度发展的今天，在"设计、制造、测量"这三大环节中，测量也占有极其重要的地位。因此，规范、熟练地掌握测量技术对产品进行正确而有效的测量，是有关专业的职业技术人才必备的能力。

学习目标

1. 对零件测量有感性认识，知道零件测量一般步骤。
2. 了解互换性、加工误差、标准及标准化。
3. 会识读及标注图样中的表面结构(表面粗糙度)要求。
4. 掌握测量基本理论及常用量具常识。
5. 了解常用的表面粗糙度测量方法，掌握比较法测量零件表面粗糙度。

任务一　轴套零件的测量

观看教师测量如图 1-1 所示轴套零件，总结零件测量的一般步骤。

【工作情境】

公司的质量检验员或质检部主任、生产加工的班组长及车间主任，需要对已加工完成的工件进行测量；公司的生产加工人员，也需要在零件加工过程中对工件进行测量。

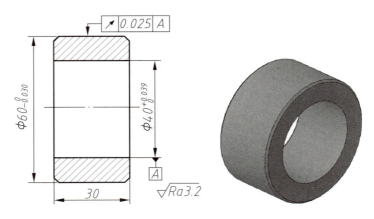

图 1-1 轴套零件

【相关知识】

1. 测量的概念及测量的一般步骤

2. 测量的种类

3. 量具的种类、选用及保养常识

一件制造完成后的产品是否满足设计的几何精度要求，通常有以下几种判断方式：

（1）测量：是以确定被测对象的量值为目的的全部操作。在这一操作过程中，将被测对象与复现测量单位的标准量进行比较，并以被测量与单位量的比值表达测量结果。例如用游标卡尺对一轴径的测量，就是将被测对象（轴的直径）用特定测量方法（用游标卡尺测量）与长度单位（毫米）相比较。若其比值为 30.52，则测量结果可表达为 30.52 mm。

（2）测试：是指具有试验性质的测量，也可理解为试验和测量的全过程。

（3）检验：是判断被测物理量是否合格（在规定范围内）的过程，一般来说就是确定产品是否满足设计要求的过程，即判断产品合格性的过程，通常不一定要求测出具体值。因此检验也可理解为不要求知道具体值的测量。

测量技术包括"测量"和"检验"两个方面的内容。测量技术的基本要求：合理地选用计量器具与方法、保证一定的测量精度、具有高的测量效率、具有正确的操作方法等。任何测量过程都包含测量对象、计量单位、测量方法和测量误差四个要素。

测量对象：主要指几何量，包括长度、面积、形状、高度、角度、表面粗糙度以及几何误差等。

计量单位：1984 年 2 月 27 日正式公布中华人民共和国法定计量单位，确定米制为我国的基本计量制度。在长度计量中单位为 m（米），其他常用单位有 mm（毫米）和 μm（微米），机械工程图中常用的单位是"mm"，工厂常用的计量单位还有 hm，即 10^{-2} mm，亦称"丝"或"道"。在角度测量中基本单位为 rad（弧度），常用单位为（°）（度）、（′）（分）、（″）（秒）。

　　测量方法：进行测量时所采用的测量原理、计量器具和测量条件的综合。表 1-1 为测量方法分类。

表 1-1　测量方法分类

按数据获得方式分类	直接测量	指可以用测量仪器或仪表直接读出待测量量值的测量。如用游标卡尺、外径千分尺测量轴径等
	间接测量	通过测量与被测量有一定函数关系的量，根据已知的函数关系式求得被测量的测量称为间接测量。如通过测量一圆弧相应的弓高和弦长而得到其圆弧半径的实际值、用游标卡尺测量两孔中心距
按比较方式分类	绝对测量	被测量值直接由量仪刻度尺上读数表示。用游标卡尺、外径千分尺测量轴径不仅是直接测量，也是绝对测量；用游标卡尺测量两孔中心距是间接测量，也是绝对测量
	相对测量	由量仪读出的是被测的量相对于标准量值的差值。如用内径百分表测量孔径为相对测量
按接触形式分类	接触测量	量具或量仪的测量头与被测表面直接接触。用游标卡尺、外径千分尺测量轴径属于接触测量
	非接触测量	量具或量仪的测量头不与被测表面接触。如用光切法显微镜测量表面粗糙度即属于非接触测量
按同时测量参数的数目分类	综合测量	将被测件相关的各个参数合成一个综合参数来进行测量。用螺纹量规来检测螺纹属综合测量
	单项测量	被测件的各个参数分别单独测量。用测量器具分别测出螺纹的中径、半角及螺距属单项测量

续表

按测量对工艺过程所起的作用分类	主动测量	在加工过程中进行测量，测量结果直接用来控制工件的加工精度。主动测量可通过其测得值的反馈，控制设备的加工过程，预防和杜绝不合格品的产生
	被动测量	加工完毕后进行测量，以确定工件的参数值。被动测量只能发现和挑出不合格品
按测量时工件的运动情况分类	静态测量	测量时被测件静止不动
	动态测量	测量时，被测件不停地运动，测量头与被测件有相对运动

测量误差（或测量精度）：指测量结果与真值的一致程度。由于任何测量过程总不可避免地会出现测量误差，误差大说明测量结果离真值远，精度低。因此，精度和误差是两个相对的概念。由于存在测量误差，任何测量结果都以一近似值来表示。

【任务分析】

1. 测量项目解读

机械制造业的技术测量对象主要指线性尺寸、几何误差和表面粗糙度。

本次活动测量的线性尺寸项目有：$\phi 60_{-0.030}^{0}$、$\phi 40_{0}^{+0.039}$、30。这些线性尺寸项目解读见表 1-2。其中 $\phi 60_{-0.030}^{0}$、$\phi 40_{0}^{+0.039}$ 可根据标注直接读出，30 为一般未注公差尺寸，可查附表 4得到。

表 1-2 线性尺寸项目解读

测量项目	$\phi 60_{-0.030}^{0}$	$\phi 40_{0}^{+0.039}$	30
公称尺寸/mm	60	40	30
上极限尺寸/mm	60.000	40.039	30.2
下极限尺寸/mm	59.970	40.000	29.8
上极限偏差/mm	0	+0.039	+0.2
下极限偏差/mm	-0.030	0	-0.2
尺寸公差 δ/mm	0.030	0.039	0.4
合格条件	实际尺寸在 59.97~60 mm	实际尺寸在 40~40.039 mm	实际尺寸在 29.8~30.2 mm

本次活动测量的几何公差项目有：$\boxed{\nearrow\ 0.025\ A}$，即 $\phi60$ 圆柱面对基准 A（$\phi40$ 的轴线）的径向圆跳动公差 t 为 0.025 mm，如图 1-2 所示，也就是 $\phi60$ 圆柱面绕 $\phi40$ 内圆柱面的轴线做无轴向移动回转一周时，在任一测量平面内的径向圆跳动量均不得大于 0.025 mm。

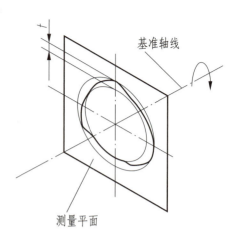

图 1-2　径向圆跳动

本次活动测量的零件的表面粗糙度项目是 $\sqrt{Ra3.2}$，即所有表面用去除材料方法获得的表面粗糙度 Ra 的上限值为 3.2 μm。

2. 测量方案确定

测量过程中，量具是不可缺少的工具。操作人员不仅要学会合理地选用量具，还必须能正确使用和保养量具。选定了量具后，还要确定测量方法、测量次数、数据处理方式等。

1. 测量器具

测量器具是可以单独或与辅助设备一起，用来确定被测对象量值的器具或装置。

如图 1-3 所示，常用的测量器具可分为四种，分别是标准量具、极限量规（专门测量器具）、通用测量器具和检验夹具。

(a) 标准量具

(b) 极限量规（专门测量器具）

(c) 通用测量器具

(d) 检验夹具

图 1-3　常用的测量器具

2. 测量器具的主要技术性能指标(图1-4)

(1)量具的标称值:标注在量具上用以标明其特性或指导其使用的量值。如标在量块上的尺寸、标在刻线尺上的尺寸等。

(2)刻度间距(刻度间隔):在计量器具的刻度标尺上,相邻两条刻线之间的距离,称为刻度间距。例如,游标卡尺在主尺尺身上相邻两条刻线之间的距离是1 mm,那么它的刻度间距就是1 mm。

(3)分度值(刻度值):在计量器具的刻度标尺上,最小一格所代表的被测尺寸的数值,称为分度值。它是一台仪器所能读出的最小单位量值。一般地说,分度值越小,测量器具的精度越高。数字式量仪没有标尺或度盘,而与其相对应的为分辨率。分辨率是仪器显示的最末位数字间隔所代表的被测量值。例如,百分表的表盘上,每一小格刻度代表的被测尺寸是0.01 mm,它的分度值就是0.01 mm。再如游标卡尺,若游标上每一小格刻度代表的被测尺寸是0.02 mm时,则它的分度值是0.02 mm。

(4)示值范围(指示范围):计量器具所指示的起始值到终止值之间的范围,称为示值范围。例如,常用游标卡尺的示值范围是0~125 mm,外径千分尺的示值范围一般是0~25 mm。

(5)测量范围:计量器具能够测量尺寸的最小值与最大值,称为测量范围。

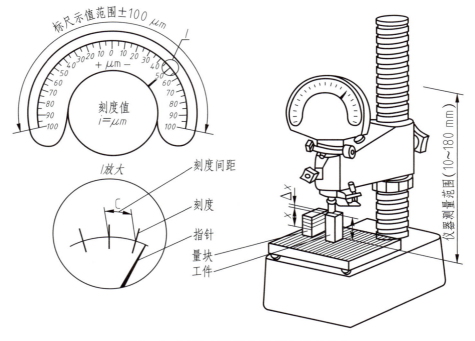

图1-4　测量器具的主要技术性能指标

应该注意不要把计量器具的测量范围与示值范围混为一谈。例如，外径千分尺的测量范围可以分为 0~25 mm、25~50 mm、50~75 mm 等几种，但它们的示值范围都是 0~25 mm。

（6）量程：测量范围的上限值和下限值之差称为量程。量程大的仪器使用起来比较方便，但仪器的线性误差将随之变大使仪器的准确度下降。

3. 测量器具的选择

一般说来，器具的选择主要取决于被测工件的精度要求，在保证精度要求的前提下，也要考虑尺寸大小、结构形状、材料与被测表面的位置，同时也要考虑工件批量、生产方式和生产成本等因素。

对绝对测量来说，要求测量器具的测量范围大于被测量的量的大小，但不要相差太大。因为用测量范围大的测量器具测量小型工件，不仅不经济，而且测量精度还难以保证。对相对测量来说，测量器具的示值范围一定要大于被测件的参数公差范围。

在测量形状误差时，测量器具的测量头要做往复运动，因此要考虑回程误差的影响。当工件的精度要求高时，应当选择灵敏度高、回程误差小的高精度测量器具。

对于薄型、软质、易变形的工件，应该选用测量力小的测量器具。

对于粗糙的表面，不得用精密的测量器具去测量。被测表面的表面粗糙度值要小于或等于测量器具测量面的表面粗糙度值。

单件或小批量生产应选用通用测量器具，大批量生产应优先考虑专用测量器具。

认真听讲、观察，并在表 1-3 中记录。

表 1-3　轴套零件检测方案

检测项目	量具及规格	测量部位/次数	数据处理方式	备注
$\phi 60_{-0.030}^{0}$				
$\phi 40_{0}^{+0.039}$				
30				
↗ 0.025 A				
$\sqrt{}$ Ra3.2				

【任务实施】

1. 测量步骤

观看教师测量零件，并在表 1-4 中记录教师测量过程和方法。

表 1-4　通孔零件尺寸公差测量过程和方法

序号	教师操作	操作目的
你的想法		

图 1-5 所示为轴套外径测量示意图，图 1-6 所示为轴套类零件径向圆跳动测量示意图，可用触觉比较法评定轴套的表面粗糙度，图 1-7 所示为检测用的表面粗糙度样板。

图 1-5　轴套外径测量示意图

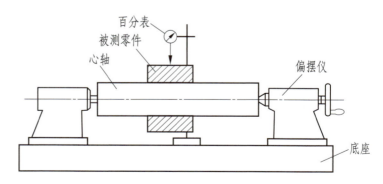

图 1-6　轴套类零件径向圆跳动测量示意图

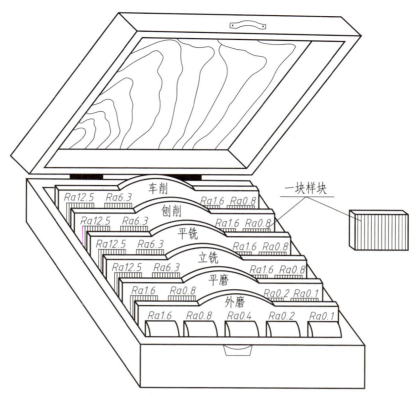

一块样块

图 1-7　表面粗糙度样板

2. 数据处理

观看并记录教师数据处理方法。

3. 检测报告

根据教师的测量结果，填写检测报告（附录 2）。

【任务拓展】

观看教师在车床上加工轴套零件时进行的零件测量。

量具的保养

（1）在机床上测量零件时，要等零件完全停稳后才能进行。

（2）测量前应把量具的测量面和零件的被测量表面都擦拭干净。

（3）精密量具如游标卡尺、千分尺和百分表等，不可用于测量锻、铸件毛坯或带有研磨剂（如金刚砂等）的表面。

（4）量具在使用过程中，不可和工具、刀具，如锉刀、锤子、车刀、钻头等堆放在一起，以免碰伤。也不要随便放在机床上，以免因机床振动而滑落摔坏。

（5）量具是测量工具，绝对不能作为其他工具的代用品。把量具当其他工具，例如用游标卡尺划线，用千分尺当小锤子，用钢直尺旋螺钉、清理切屑等；把量具当玩具，如把千分尺等拿在手中任意挥动或摇转等。这些做法都是错误的，都易使量具失去精度。

（6）温度对测量结果影响很大，零件的精密测量一定要使零件和量具都在 20 ℃ 的情况下进行测量。一般可在室温下进行测量，但必须使工件与量具的温度一致，否则由于金属材料的热胀冷缩的特性，会使测量结果不准确。

（7）温度对量具精度的影响亦很大，量具不应放在阳光下或床头箱上，因为量具温度升高后，也量不出正确尺寸。更不要把精密量具放在热源（如电炉,热交换器等）附近，以免使量具受热变形而失去精度。

（8）不要把精密量具放在磁场附近，例如磨床的磁性工作台上，以免使量具感磁。

（9）发现精密量具有不正常现象时，如量具表面不平、有毛刺、有锈斑以及刻度不准、尺身弯曲变形、活动不灵活等，使用者不应自行拆修，更不允许自行用锤子敲、用锉刀锉、用砂布打光等粗暴办法修理，以免反而增大量具误差。发现上述情况，使用者应当主动送计量站检修，并经检定量具精度后再继续使用。

（10）量具使用后，应及时擦拭干净，除不锈钢量具或有保护镀层者外，金属表面应涂上一层防锈油，放在专用的盒子里，保存在干燥的地方，以免生锈。

（11）精密量具应实行定期检定和保养，长期使用的精密量具，要定期送计量站进行保养和检定精度，以免因量具的示值误差超差而造成产品质量事故。

如图 1-8 所示为操作、测量过程中量具的规范摆放，图 1-9 所示为操作、测量过程中量具的不规范摆放。图 1-10 所示为量具的保养规范。

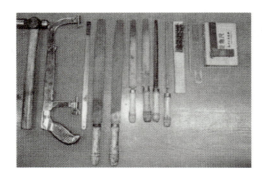
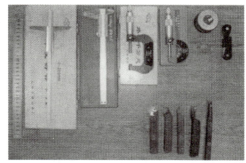

图 1-8　量具的规范摆放

图 1-9　量具的不规范摆放

图 1-10　量具的保养规范

【知识拓展】

"质量杠杆"与在线测量

"质量杠杆"的概念是指在生产过程中越早修正或改进质量，则确定工艺和降低成本的效益就越大。从理论上讲在生产过程的初始阶段即产品技术准备阶段，这时在质量上的投资回报和到产品发货时的投资回报相比将是 100：1。在制造工程阶段（即在金属加工阶段），以模块测量或探测为基础的闭环过程控制上投资回报比后来在质量控制（QC）或检查阶段来改进要大数十倍。如果等到在装配阶段再改进，则将无投资回报可言。"质量杠杆"清楚地表明在生产过程中越早发现质量问题则效益就越大，成本就越低。所以宁可在生产过程的上游使用在线测量，而不要在下游采用，下游采用测量来提高质量不但花钱，而且要修正缺陷，可能为时已晚。

目前，全球的制造商在不断关注在线测量。在线测量就是指在加工生产线中进行测量，如图 1-11 所示。根据测量位置和方式的不同，在线测量有两种具体应用：一是在加工生产线的不同工位布置不同测量设备和检测站，主要是对相关工序工件的加工精度进行测量。二是在机床内部加工过程中的主动测量，即在机床的内部，工件加工过程中，利用加工中心的测头或便携式的关节臂测量系统，直接测量工件的加工精度。

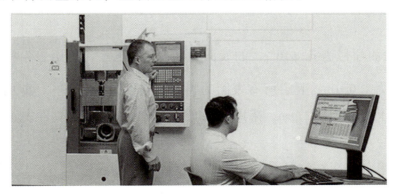

图 1-11　在线测量

【任务评价】

根据本次任务的学习情况，认真填写附录 3 所示评价表。

【想想练练】

1. 总结零件测量的一般步骤。
2. 测量方法有哪些分类？
3. 简述量具的保养常识。
4. 测量器具有哪几种？简述量具选择要求。

任务二　表面粗糙度的检定

【工作情境】

表面粗糙度对零件的配合、耐磨性、抗蚀性、密封性、疲劳强度、接触刚度、振动和噪声等有显著影响，与机械产品的使用寿命和可靠性有密切相关。为了保证零件的使用性能，需要对零件的表面粗糙度给出要求。

【相关知识】

1. 表面粗糙度的定义、常用评定参数、作用、实现手段
2. 表面粗糙度要求的标注及识读
3. 表面粗糙度的检测方法，会用比较法检定表面粗糙度

检定图 1-12 所示左支承件的表面粗糙度。

【任务分析】

本次任务要求检测项目为孔 $\phi16^{+0.027}_{0}$ 的表面粗糙度 $\sqrt{Ra\ 1.6}$，即用去除材料方法获得的表面粗糙度 Ra 的上限值为 1.6 μm；其余所有表面的表面粗糙度为 $\sqrt{Ra\ 3.2}$，即用去除材料方法获得的表面粗糙度 Ra 的上限值为 3.2 μm。采用粗糙度样板用比较法检定零件表面粗糙度。

1. 定义

表面粗糙度是评定表面结构的参数，是指加工后零件表面上具有的较小间距和峰谷所组成的微观几何形状特征，即表面微观的不平度，如图 1-13 所示。

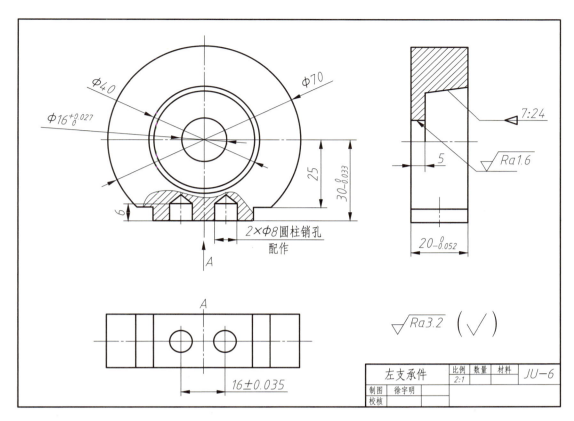

图 1-12　左支承件

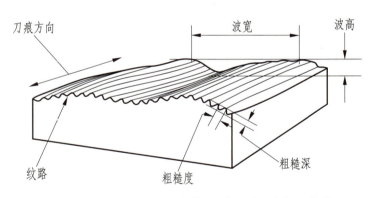

图 1-13　放大后的工件截面/表面粗糙度及轮廓

表面粗糙度一般是由所采用的加工方法和其他因素所造成的，例如加工过程中刀具与零件表面间的摩擦、切屑分离时表面层金属的塑性变形以及工艺系统中的高频振动等。由于加工方法和工件材料的不同，被加工表面留下痕迹的深浅、疏密、形状和纹理都有差别，见表 1-5。

2. 常用评定参数

国家标准《产品几何技术规范（GPS）表面结构　轮廓法　表面粗糙度参数及其数值》（GB/T 1031—2009）规定，表面粗糙度参数有轮廓算术平均偏差 Ra（在一个取样长度 l 内，轮廓偏距（纵坐标值 z）绝对值的算术平均值,如图 1-14 所示）和轮廓最大高度 Rz（在一个取样长度 l 内,最大轮廓峰高和最大轮廓谷深之和,如图 1-15 所示）。

表 1-5 各种加工方法能得到的表面粗糙度

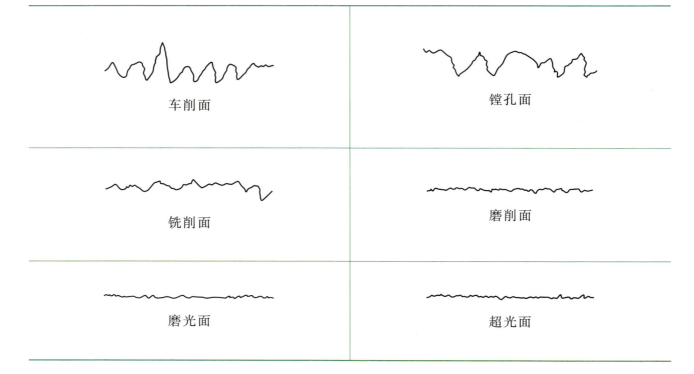

车削面	镗孔面
铣削面	磨削面
磨光面	超光面

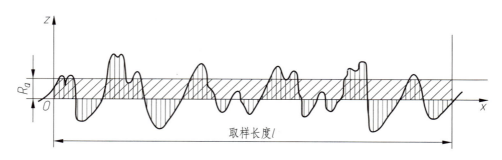

图 1-14 轮廓算术平均偏差 Ra

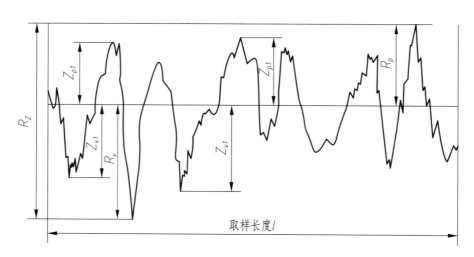

图 1-15 轮廓最大高度 Rz

3. 表面粗糙度标注识读

国家标准 GB/T 131—2006 对表面结构的图形符号、代号及其标注做了规定。图 1-16 所示为表面结构符号。

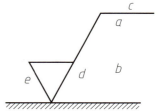

图 1-16 表面结构符号

a 处标注表面结构的单一要求，包括表面结构参数代号、数值等；

位置 a 和 b 处注写两个或多个表面结构要求；

c 处标注加工方法；

d 处标注加工纹理和方向，如图 1-17 所示；

e 处标注加工余量，mm。

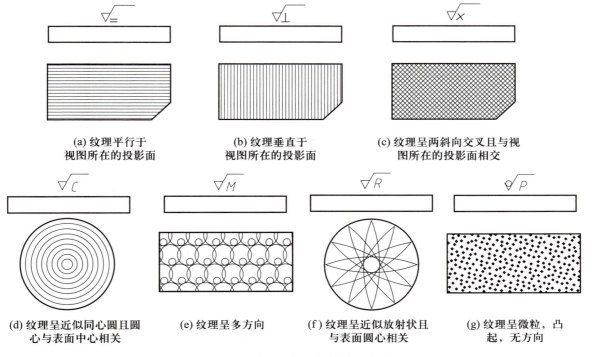

(a) 纹理平行于
视图所在的投影面

(b) 纹理垂直于
视图所在的投影面

(c) 纹理呈两斜向交叉且与视图所在的投影面相交

(d) 纹理呈近似同心圆且圆心与表面中心相关

(e) 纹理呈多方向

(f) 纹理呈近似放射状且与表面圆心相关

(g) 纹理呈微粒，凸起，无方向

图 1-17 加工纹理方向符号标注

（1）加工纹理和方向

（2）表面结构符号、代号

在图样中，可以用不同的图形符号来表示对零件表面的不同要求。表面结构符号、代号及其含义见表 1-6。

（3）表面结构要求在图样中的标注

表面结构要求在图样中的标注示例见表 1-7。

（4）表面结构要求标注识读

表 1-8 为表面结构要求标注识读示例。

表 1-6　表面结构符号

符　　号	含　　义
	基本图形符号，未指定工艺方法的表面，当通过一个注释解释时可单独使用
	扩展图形符号，用去除材料的方法获得的表面，如通过车、铣、刨、磨等机械加工的表面；仅当其含义是"被加工表面"时可单独使用
	扩展图形符号，不去除材料的表面，如铸、锻等；也可用于表示保持上道工序形成的表面，不管这种状况是通过去除材料或不去除材料形成的
	在基本图形符号或扩展图形符号的长边上加一横线，用于标注表面结构特征的补充信息
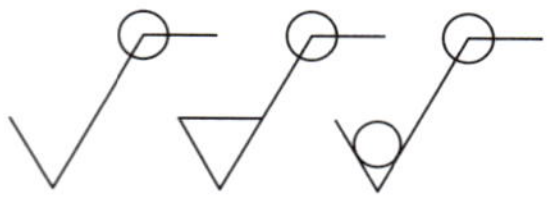	当在某个视图上组成封闭轮廓的各表面有相同的表面粗糙度时，应在完整图形符号上加一圆圈，标注在图样中工件的封闭轮廓线上

表 1-7　表面结构要求在图样中的标注示例

说　　明	示　　例
表面结构要求对每一表面一般只标注一次，并尽可能注在相应的尺寸及其公差的同一视图上。表面结构的注写和读取方向与尺寸的注写和读取方向一致	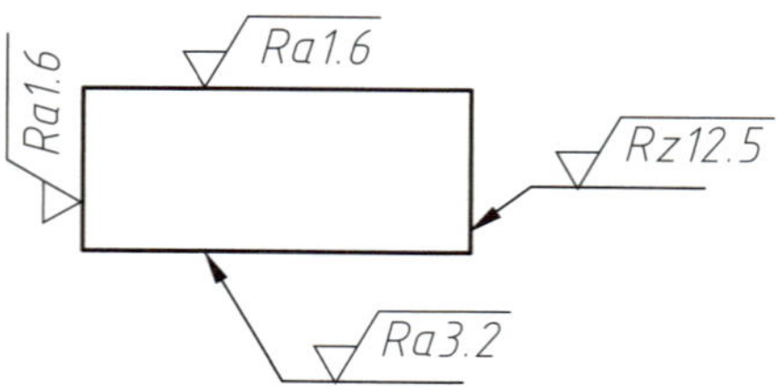
表面结构要求可标注在轮廓线或其延长线上，其符号应从材料外指向并接触表面。必要时表面结构符号也可用带箭头或黑点的指引线引出标注	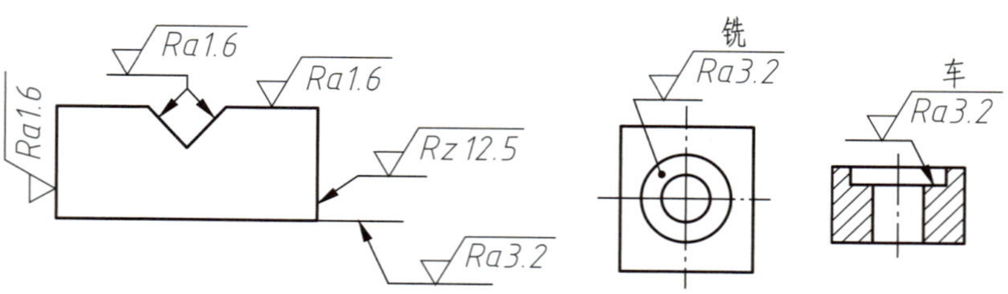

续表

说　明	示　例
在不致引起误解时，表面结构要求可以标注在给定的尺寸线上	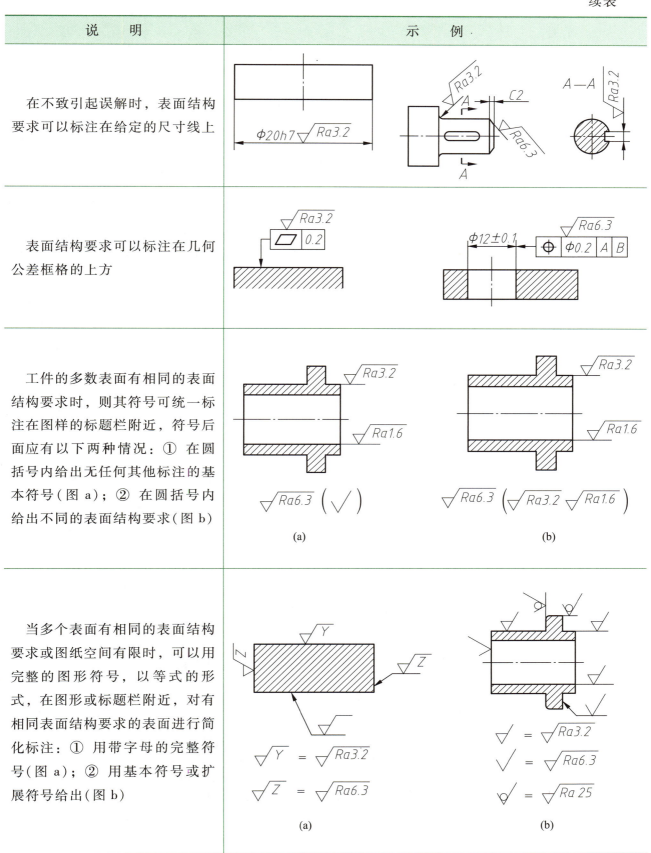
表面结构要求可以标注在几何公差框格的上方	
工件的多数表面有相同的表面结构要求时，则其符号可统一标注在图样的标题栏附近，符号后面应有以下两种情况：① 在圆括号内给出无任何其他标注的基本符号（图 a）；② 在圆括号内给出不同的表面结构要求（图 b）	
当多个表面有相同的表面结构要求或图纸空间有限时，可以用完整的图形符号，以等式的形式，在图形或标题栏附近，对有相同表面结构要求的表面进行简化标注：① 用带字母的完整符号（图 a）；② 用基本符号或扩展符号给出（图 b）	

表 1-8 为表面结构要求标注识读示例

代　号	含　义
$\sqrt{\text{Ra1.6}}$	表示去除材料，单向上限值，默认传输带，R 轮廓，粗糙度算术平均偏差 1.6 μm，评定长度为 5 个取样长度（默认），"16%规则"（默认）
$\sqrt{\text{Rz max0.2}}$	表示不允许去除材料，单向上限值，默认传输带，R 轮廓，粗糙度最大高度的最大值 0.2 μm，评定长度为 5 个取样长度（默认），"最大规则"
$\sqrt{\begin{array}{l}\text{U Ra max3.2}\\\text{L Ra 0.8}\end{array}}$	表示不允许去除材料，双向极限值，两极限值均使用默认传输带，R 轮廓，上限值：算术平均偏差 3.2 μm，评定长度为 5 个取样长度（默认），"最大规则"，下限值：算术平均偏差 0.8 μm，评定长度为 5 个取样长度（默认），"16%规则"（默认）
$\sqrt[\perp]{\begin{array}{l}\text{铣}\\\text{−0.8/Ra3 6.3}\end{array}}$	表示去除材料，单向上限值，传输带：根据 GB/T 6062—2009，取样长度 0.8mm，R 轮廓，算术平均偏差极限值 6.3 μm，评定长度包含 3 个取样长度，"16%规则"（默认），加工方法：铣削，纹理垂直于视图所在的投影面

4. 表面粗糙度的检测

表面粗糙度的检测方法和仪器较多，有用各种表面粗糙度仪直接测量表面粗糙度各参数的，如图 1-18 所示；也有用表面粗糙度比较样块（图 1-19）以视觉法或触觉法检测，即作比较法检测。表 1-9 为表面粗糙度测量常用方法，表 1-10 为表面粗糙度的检测程序。

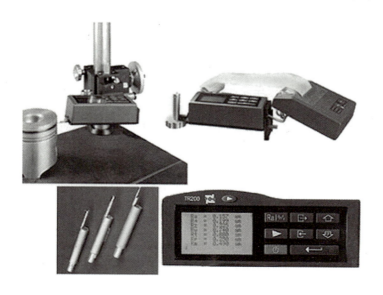

图 1-18　表面粗糙度仪的工件表面测量

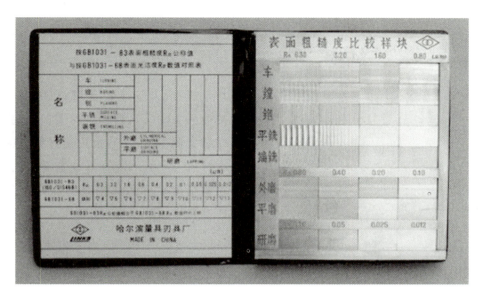

图 1-19　表面粗糙度比较样块

表 1-9　表面粗糙度测量常用方法

序号	检验方法	适用参数及范围/μm	说　　明
1	样块比较法	直接目测：$Ra > 2.5$ 用放大镜：$Ra > 0.32 \sim 0.5$	以表面粗糙度比较样块工作面上的粗糙度为标准，用视觉法或触觉法与被测表面进行比较，以判定被测表面是否符合规定；用样块进行比较检验时，样块和被测表面的材质、加工方法应尽可能一致；样块比较法简单易行，适合在生产现场使用
2	显微镜比较法	$Ra < 0.32$	将被测表面与表面粗糙度比较样块靠在一起，用比较显微镜观察两者被放大的表面，以样块工作面上的粗糙度为标准，观察比较被测表面是否达到相应样块的表面粗糙度，从而判定被测表面粗糙度是否符合规定。此方法不能测出粗糙度参数值
3	电动轮廓仪比较法	Ra：$0.025 \sim 6.3$	电动轮廓仪系触针式仪器。测量时仪器触针尖端在被测表面上垂直于加工纹理方向的截面上，做水平移动测量，从指示仪表直接得出一个测量行程 Ra 值。这是 Ra 值测量最常用的方法。或者用仪器的记录装置，描绘粗糙度轮廓曲线的放大图，再计算 Ra 值。此类仪器适用在计量室。但便携式电动轮廓仪可在生产现场使用

续表

序号	检验方法	适用参数及范围/μm	说　明
4	光切显微镜测量法	Rz: 0.8 ~ 100	光切显微镜(双管显微镜)是利用光切原理测量表面粗糙度的方法。从目镜观察表面粗糙度轮廓图像,用测微装置测量 Rz 值。也可通过测量描绘出轮廓图像,再计算 Ra 值,因其方法较繁而不常用。必要时可将粗糙度轮廓图像拍照下来评定。光切显微镜适用于计量室

表 1-10　表面粗糙度的检测程序

序号	测量方法	检测程序说明
1	目测检查	当工件表面粗糙度比规定的粗糙度明显好或不好,不需用更精确的方法检验。工件表面存在着明显影响表面功能的表面缺陷,选择目测法检验判定
2	比较检查	若用目测检查不能判定,可采用视觉或显微镜将被测表面与粗糙度比较样块比较判定
3	仪器检查	若用粗糙度比较样块比较法不能判定,应采用仪器测量: ① 对不均匀表面,在最有可能出现粗糙度参数极限值的部位进行测量; ② 对表面粗糙度均匀的表面,应在几个均布位置分别测量,至少测量 3 次; ③ 当给定表面粗糙度参数上限或下限时,应在表面粗糙度参数可能出现最大值或最小值处测量; ④ 表面粗糙度参数注明是最大值的要求时,通常在表面可能出现最大值(如有一个可见的深槽)处,至少测量 3 次; 测量方向: ① 图样或技术文件中规定测量方向时,按规定方向进行测量; ② 当图样或技术文件中没有指定方向时,则应在能给出粗糙度参数最大值的方向测量,该方向垂直于被测表面的加工纹理方向; ③ 对无明显加工纹理的表面,测量方向可以是任意的,一般可选择几个方向进行测量,取其最大值为粗糙度参数的数值

比较法评定表面粗糙度

1. 测量前的准备工作

（1）根据被测量对象选择表面粗糙度样块。选择原则是样块表面的加工方法要与被测量工件的加工方法相同。

（2）应检查表面粗糙度样块是否有产品合格证，样块上或托架上的标志是否与要求相符。

（3）检查表面粗糙度样块的外观质量，样块的工作面上不应有碰伤、锈迹和划痕等缺陷。

（4）被测量工件应用棉纱擦干净，检验者应洗净双手。

2. 评定方法

（1）用视觉比较法评定表面粗糙度的方法与步骤

在充足明亮的室内光线下，把比较样块和被测量工件表面并排放在一起，凭视觉经过反复观察，判定被检工件表面的粗糙度与哪块样块的表面粗糙度相同，就选取哪块样块的 Ra 值作为被检工件的表面粗糙度 Ra 值。这种方法的评定范围是 Ra 值为 $3.2 \sim 60 \mu m$。

（2）用触觉比较法评定表面粗糙度的方法与步骤

在相同的照明条件下，把比较样块和被检工件并排放在一起，用手指甲（勿用手指其他部位）以适当速度分别沿比较样块和工件表面划过时，凭主观触觉比较评估工件的表面粗糙度。手指甲抚摸的方向，应与加工纹理方向垂直。这种方法的评定范围是 Ra 值为 $1 \sim 10 \mu m$。

3. 保养

不要用手触摸或擦洗样块，用毕，应立即盖上盒盖，放在防潮、干燥处保存。

【任务实施】

1. 测量步骤

（1）清洁工件、检测者双手。

（2）根据表面加工方法（车、铣）、表面结构（粗糙度）要求选择表面粗糙度样块，并检查样块。

（3）用视觉比较法检定粗糙度要求为 $\sqrt{Ra\ 3.2}$ 的表面，用触觉比较法评定粗糙度要求为 $\sqrt{Ra\ 1.6}$ 的表面。

（4）用后立即盖上盒盖，放在防潮、干燥处保存。

2. 判断零件合格性

【任务评价】

根据本次活动的学习情况，认真填写附录 3 所示活动评价表。

【想想练练】

1. 表面粗糙度检测常用方法有哪些？
2. 表面粗糙度的检测程序是怎样的？
3. 比较法检测表面粗糙度的方法有哪些？需要用到什么器具？
4. 识读图 1-20 所示阀体的表面粗糙度项目。

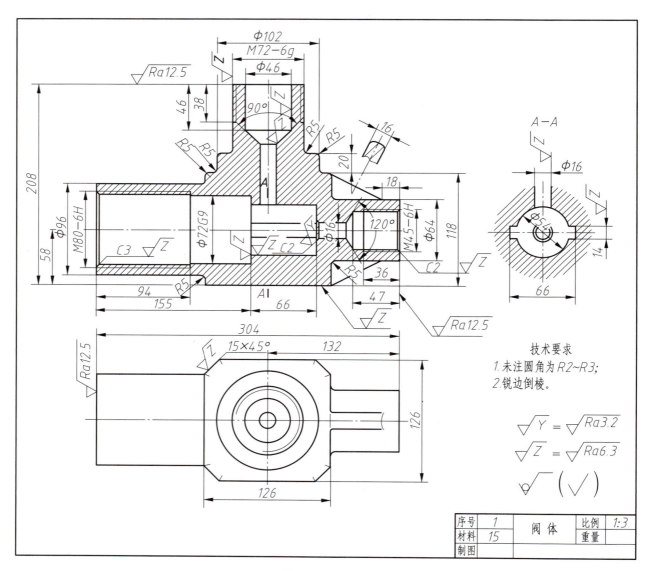

图 1-20　阀体

任务三　认识互换性

【工作情境】

互换性在工业及日常生活中到处都能遇到。例如，机器上丢了一个螺钉，可以按相同规格装上一个；灯泡坏了，可以换个新的。

【相关知识】

1. 互换性的概念、分类、作用、实现手段
2. 加工误差的种类
3. 标准与标准化的概念、作用

【任务分析】

现代机械工业生产规模越来越大，技术要求高，生产协作广泛，许多产品要涉及数十个甚至上百个生产企业，生产点遍布全国各地，甚至世界各地，这样一个复杂、严密的生产组合，必须进行高度专业化协作生产，就是将组成机器的各个零部件，分别由各专业厂或车间组织成批生产，最后集中装配成完整的机械产品。要做到这一点，就必须采用互换性原则。在机械和仪表制造中，遵循互换性原则，不仅能显著提高劳动生产率，而且能有效保证产品质量和降低成本。所以，互换性是机械和仪表制造中的重要生产原则与有效技术措施。

【任务实施】

1. 认识互换性

1. 互换性的概念

互换性是指从大批量生产出的同一规格的一批零件或部件中，任取其一，不需要任何挑选或附加修配(如钳工修配)，便可直接安装到机器所在部位上去，并能完全符合规定的使用性能要求的一种技术特性，如图 1-21 所示。互换性是机械制造中的重要生产原则，普遍应用于机械设备和各种产品的生产中。

2. 互换性的作用

互换性给产品的设计、制造和使用维修都带来很大的方便。

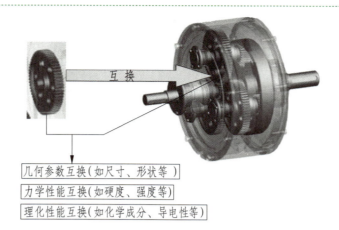

几何参数互换(如尺寸、形状等)

力学性能互换(如硬度、强度等)

理化性能互换(如化学成分、导电性等)

图 1-21　互换性

（1）设计方面

在设计方面能最大限度地使用标准件、通用件，如图 1-22 所示的自行车车轴上的螺母、垫圈等就是标准件。它可以简化绘图和计算的工作量，缩短设计周期，并有利于产品多样化及更新换代和计算机辅助设计（CAD）技术的应用。

垫圈

螺母

图 1-22　自行车前轴

（2）制造方面

互换性有利于组织大规模专业化生产，有利于采用先进工艺和高效率的专用设备，有利于用计算机辅助制造，有利于实现加工和装配过程的机械化、自动化，从而减轻工人的劳动强度，提高生产率，保证产品质量，降低生产成本。

（3）使用维修方面

具有互换性的零部件，在磨损或损坏后可以及时更换，因而减少了机器的维修时间和费用，保证机器能连续运转，从而提高机器的使用价值。

综上所述，互换性对保证产品质量和可靠性、提高生产率和增加经济效益具有重要意义，它已成为现代机械制造业中一个普遍遵守的原则。

3. 互换性分类

互换性按互换程度可分为完全互换和不完全(或有限)互换。零件在装配时不需选配或辅助加工即可装成具有规定功能的机器的称为完全互换；需要选配或辅助加工才能装成具有规定功能的机器的称为不完全互换。在机械装配时，当机器装配精度要求很高时，如采用完全互换会使零件公差太小，造成加工困难，成本很高。这时应采用不完全互换，将零件的制造公差放大，并利用选择装配的方法将相配件按尺寸大小分为若干组，然后按组相配，即大孔和大轴相配，小孔和小轴相配。同组内的各零件能实现完全互换，组间则不能互换。

对于标准部件来说，互换性分为外互换和内互换。标准部件与其相配件间的互换性称为外互换；标准部件内部各零件间的互换性称为内互换。例如滚动轴承，其外圈与机座孔、内圈与轴颈的配合为外互换；保持架与滚动体间的配合为内互换。为了制造方便和降低成本，内互换零件应采用不完全互换。

互换性按互换目的又有装配互换和功能互换之分。规定几何参数公差达到装配要求的互换称为装配互换；既规定几何参数公差，又规定机械物理性能参数公差达到使用要求的互换称为功能互换。上述的外互换和内互换、完全互换和不完全互换皆属装配互换。装配互换目的在于保证产品精度，功能互换目的在于保证产品质量。

2. 互换性的实现

现代生产的特点是品种多、规模大、分工细和协作多。为了实现互换性，零部件按公差制造，这是就生产技术而言的。但从组织生产来说，如果同类产品的规格太多，或者规格相同而规定的几何参数变动范围大小各异，就会给实现互换性带来很大困难。因此，为了实现互换性生产，必须采用一种手段，使各个分散的、局部的生产部门和生产环节之间保持必要的技术统一，以形成一个统一的整体。标准与标准化正是建立这种关系的重要手段，是实现互换性生产的基础。

1. 按"公差"制造

怎么能实现互换呢？如果能制成一批完全相同的零件，这当然能够互换，但这在生产上是不可能实现的，因为生产中的误差是必然存在的。因此，人们就在设计时，规定一个允许零件几何参数的变动量——公差。要使零件具有互换性，就按公差制造(即零件加工的误差在设计时规定的公差范围内)。

零件在机械加工时，由于机床－工具－辅具工艺系统的误差、刀具的磨损、机床的振动等因素的影响，使得工件在加工后总会产生一些误差。加工误差就几何量来讲，可分为尺寸误差、几何误差和表面轮廓误差。

① 尺寸误差：零件在加工后实际尺寸与理想尺寸之间的差值。如零件的尺寸要求是 $\phi60$ mm×100 mm，但经过加工，它的 d_{a1}、d_{a2}、d_{a3}、d_{a4}、d_{a5} 的实际尺寸会各有不同。

② 几何误差：零件上被测要素相对其理想要素的变动量。图样上零件的各要素符合几何学意义，没有任何误差。但零件在实际加工过程中，由于加工设备误差、工艺装备精度、加工工艺方法及操作等因素的影响，使得零件上实际存在的要素，不可能达到理想状态，必然会产生几何误差。如图 1-23a 所示，钻削加工时，由于钻头轴线与工作台之间不垂直，导致加工出的零件上孔的中心线与端面间产生垂直度误差。在车削加工时，利用三爪自定心卡盘装夹工件（图 1-23b），工件在切削力作用下产生弯曲变形，使工件产生直线度、圆柱度等误差。

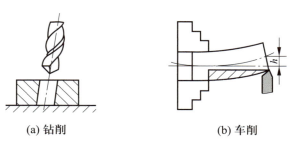

(a) 钻削　　　　　　　　　　(b) 车削

图 1-23　几何误差

③ 表面轮廓误差：零件加工后的表面微观几何形状误差，一般是在零件加工过程中，由于工艺系统（机床、夹具、刀具、工件）的振动等原因产生的。加工后刀具在工件表面留下刀具痕迹，即使经过精细加工，目视很光亮的表面，经过放大观察，也可以很清楚地看到工件表面的凸峰和凹谷，使工件表面粗糙不平。

误差是在加工过程中产生的，而公差则是由设计人员根据产品的使用性能要求和制造的可能性来确定的，既要加工方便又要经济合理。这就要求规定合适的公差作为加工产品的依据。加工误差在机械制造中是不可避免的，只要将工件的加工误差控制在公差范围内就为合格品。

2. 标准化与互换性

一种机械产品的制造，往往涉及许多部门和企业，如果没有制定和执行统一的公差标准，是不可能实现互换性生产的。为了实现互换性，必须对公差值进行标准化，不能各行其是。标准化是实现互换性生产的重要技术措施。例如，对零件的加工误差及其控制范围所制定的技术标准有极限与配合、几何公差等标准，它们是实现互换性的基础。

标准可按不同的级别颁布。各国均有自己的国家标准和行业标准。我国标准分为国家标准（GB）、行业标准、地方标准和企业标准。此外，从世界范围看，还有国际标准（ISO）

和区域性标准。

　　建立了标准，并且正确贯彻实施标准，就可以保证产品质量，缩短生产周期，便于开发新产品和协作配套，提高企业管理水平。所以标准化是组织现代化生产的重要手段之一，是实现专业化协作生产的必要前提，是科学管理的重要组成部分。现代化程度越高，对标准化的要求也越高。

【知识拓展】

1. 优先数和优先数系

　　任何一种机械产品，总是有它自己的一系列技术参数。这些参数往往不是孤立的，同时还与相关的其他产品有关。例如，螺栓的尺寸一旦确定，将会影响螺母的尺寸、丝锥板牙的尺寸、螺栓孔的尺寸以及加工螺栓孔钻头的尺寸等。可见产品的各种技术参数不能随意确定，否则会出现产品、刀具、量具和夹具等的规格品种的混乱局面，给生产组织、协调配套及使用维护带来极大的不便。

　　为了解决这一问题，人们在生产实践中总结出了一种科学的统一数值标准，使产品参数的选择一开始就纳入标准化轨道，这就是优先数和优先数系国家标准（GB/T 321—2005）。

2. 国际标准化的发展历程

　　1902 年英国伦敦以生产剪羊毛机为主的（Newall）公司编制出版的极限表，是世界上最早的极限与配合标准。

　　20 世纪 30 年代前后，各工业国家相继颁布了公差与配合标准，德国标准（DIN）最早采用基孔制和基轴制，提出公差单位的概念，将精度等级和配合分开。

　　1926 年国际标准化协会（ISA）成立，1935 年颁国际标准化组织颁布了国际公差制 ISA 的草案，第二次世界大战以后，于 1947 年重建国际标准化组织（ISO），1962 年颁布 ISO/R286—1962 极限配合制，1969 年 ISO 理事会决定 10 月 14 日为"世界标准日"。

　　"ISO"并不是其全称 International Organization for Standardization 首字母的缩写，而是一个词，它来源于希腊语 isos，意为"相等"。ISO 是制作全世界工商业国际标准的各国国家标准机构代表的国际标准建立机构，总部设在瑞士日内瓦，成员包括 162 个会员国，中国是 ISO 的正式成员。目前，ISO 是世界上最大的国际性标准化机构，已制定了约 17000 多个国际标准。

3. 我国标准化的发展历程

　　1959 年颁布了第一套公差与配合标准（GB 159～174—1959）；1978 年恢复成为 ISO 成员国，承担 ISO 技术委员会秘书处和标准草案起草工作；1979 年成立了国家标准总局，颁布第二套公差与配合标准（GB 1800～1804—1979）；1988 年颁布了《中华人民共和国标准化法》，并陆续对旧国家标准进行了修订；从 1997 年开始颁布了第三套极限与配合标准和其他新国家标准。

【任务评价】

根据本次活动的学习情况，认真填写附录 3 所示活动评价表。

【想想练练】

1. 完全互换性的含义是什么？
2. 互换性有何优点？
3. 如何实现互换性？
4. 简述加工误差、公差、标准化、互换性之间的关系。

项目二　零件线性尺寸的测量

 **学习目标**

1. 知道极限尺寸、偏差及公差、会计算极限尺寸并知道零件尺寸的合格条件。
2. 知道配合的概念，会判断配合的类型，能计算极限盈隙和配合公差。
3. 能根据零件尺寸要求，制订合理的测量方案。
4. 能测量零件各种线性尺寸，作出尺寸合格性判断。
5. 会保养各类测量用具，养成良好的职业习惯。

任务一　识读尺寸公差与配合

【工作情境】

　　企业的质量检验员或质检部主任、生产加工人员或生产加工的班组长及车间主任等在检测前或加工时都应能看懂图样上的尺寸公差、配合性质等，以便合理安排加工、检测方法，知道合格条件，判断零件的合格性。

【相关知识】

1. 极限尺寸、偏差及公差，极限尺寸计算，零件尺寸的合格条件
2. 配合的概念，配合类型的判断，极限盈隙和配合公差的计算
3. 图样上尺寸公差和配合的识读

图 2-1 所示为机床润滑系统的齿轮油泵，通过主动轴的旋转，并在大气压力作用下，

把润滑油输送到各油路中；图 2-2 所示为齿轮油泵的装配图，$\phi12H7/g6$ 体现了主动轴与泵体内孔间孔与轴的配合状态；图 2-3 所示为齿轮泵主动轴零件图，$\phi12g6$ 是齿轮泵主动轴零

泵盖
垫片
螺钉
填料
螺钉
从动齿轮
传动齿轮轴
键
主动齿轮
主动轴
带轮
挡圈
销
泵体
压盖
压盖螺母

图 2-1　齿轮油泵

7
8
9
10
11
6
5
4
3
2
1
$\phi12\frac{H7}{g6}$
$\phi40\frac{F8}{h6}$
$\phi35$
Rp3/8
35
114
66
$\phi10$
$2\times\phi12$
9
45
175
70
100
技术要求
1. 齿轮啮合面应占全长的 2/3 以上。
2. 在 490335Pa 油压下实验，不得渗油。
11 压螺母盖 1 45
10 压盖 1 45
9 填料 石棉绳
8 螺钉 M6×16 6 Q235 GB/T65—2000
7 垫片 1 红纸板
6 传动齿轮轴 1 45
5 圆柱销 2 45 GB/T119.2—2000
4 主动齿轮 2 45
3 主动轴 1 45
2 泵盖 1 HT200
1 泵体 1 HT200
序号 名称 数量 材料 备注
齿轮泵
比例 1:1
数量
重量
(图号)
共 张 第 张
制图 (签名) (日期)
描图 (签名) (日期)
审核
(班级)

图 2-2　齿轮油泵装配图

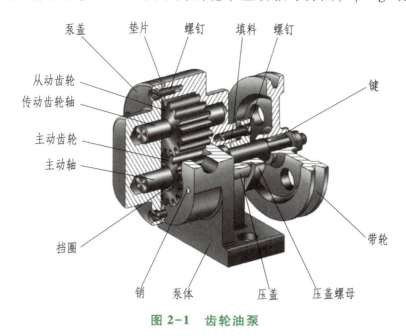

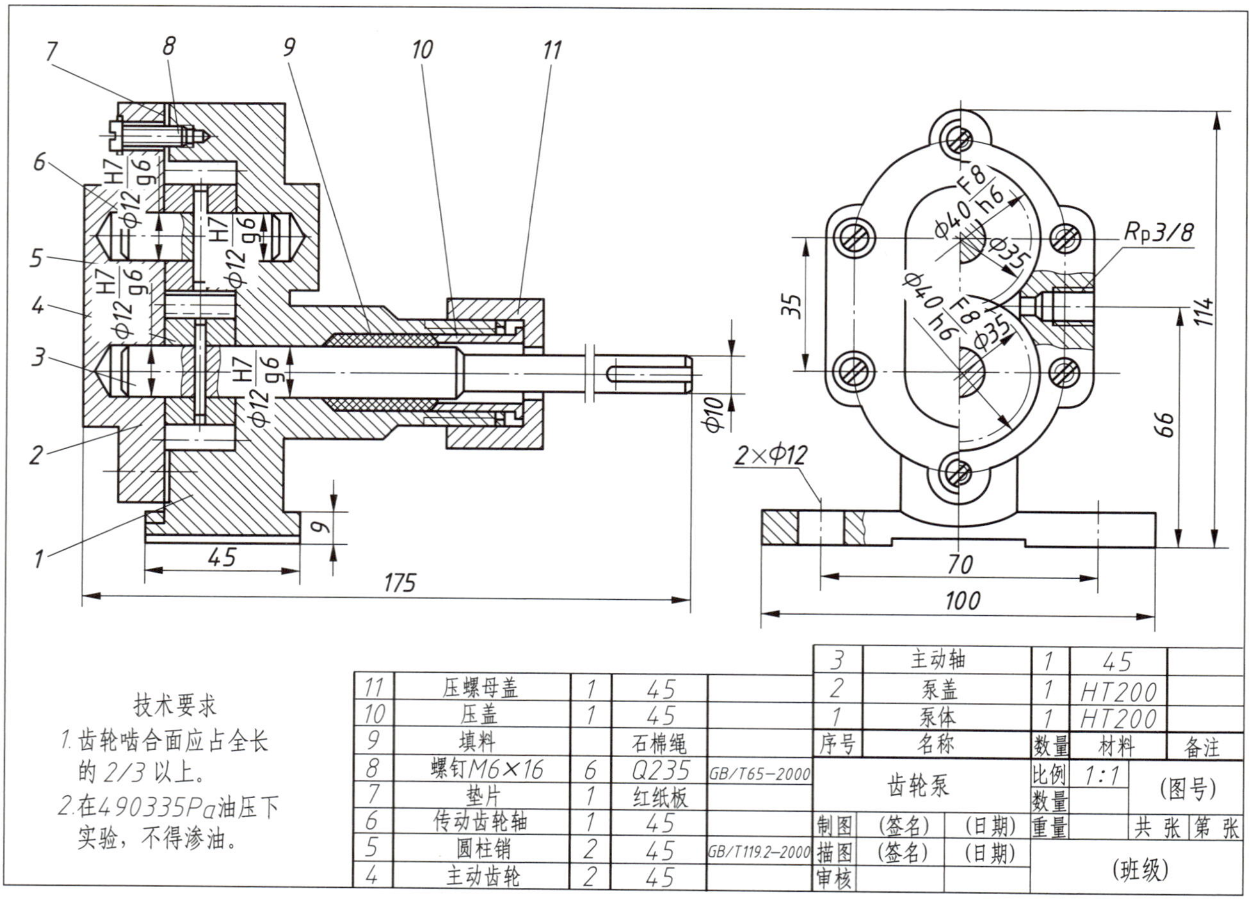

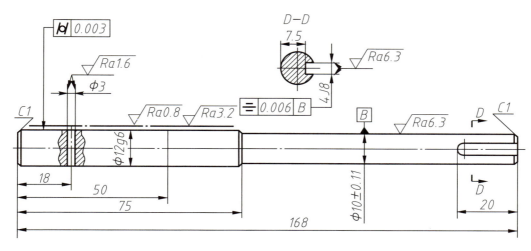

图 2-3　齿轮泵主动轴零件图

件图上的尺寸公差。识读图 2-3 所示的齿轮泵主动轴尺寸公差，并分析其合格条件；识读图 2-2 所示齿轮油泵的装配图，判断配合的类型，计算极限盈隙和配合公差。

【任务分析】

本次任务为识读齿轮泵主动轴的尺寸公差：$\phi 12g6$、$4J8$、$\phi 10 \pm 0.11$、168。识读图2-2所示齿轮油泵装配图中的配合：$\phi 12H7/g6$、$\phi 40F8/h6$。

一、尺寸公差

1. 相关术语

表 2-1 所示为公差的相关术语的名称、解释、计算示例及说明，图 2-4 所示为这些术语的图解。需要说明的是，这里的孔和轴是广义的，孔通常指工件的圆柱形内尺寸要素，也包括非圆柱形的内尺寸要素(由两平行平面或切面形成的包容面,内部无材料)；轴通常指圆柱形外尺寸要素，也包括非圆柱形的外尺寸要素(由两平行平面或切面形成的被包容面,外部无材料)。

表 2-1　公差的相关术语的名称、解释、计算示例及说明　　　　　　　　　　mm

名称	解释	计算示例及说明	
		孔	轴
公称尺寸	由规范确定的理想形状要素的尺寸	孔的尺寸 $\phi 50H8\left(^{+0.039}_{0}\right)$ $D = 50$	轴的尺寸 $\phi 50f7\left(^{-0.025}_{-0.050}\right)$ $d = 50$
实际尺寸	通过测量所得到的尺寸		
极限尺寸	尺寸要素允许的尺寸变化的两个极端		
上极限尺寸	尺寸要素(孔或轴)允许的最大尺寸	$D_{max} = 50.039$	$d_{max} = 49.975$

续表

名称	解释	计算示例及说明	
		孔	轴
下极限尺寸	尺寸要素（孔或轴）允许的最小尺寸	$D_{\min} = 50$	$d_{\min} = 49.95$
尺寸偏差	简称偏差，某一尺寸减其相应的公称尺寸所得的代数差		
上极限偏差	上极限尺寸-公称尺寸	$ES = 50.039 - 50$ $= +0.039$	$es = 49.975 - 50$ $= -0.025$
下极限偏差	下极限尺寸-公称尺寸	$EI = 50 - 50 = 0$	$ei = 49.95 - 50$ $= -0.050$
尺寸公差 T	尺寸公差是允许尺寸的变动量 尺寸公差=上极限尺寸- 下极限尺寸 =上极限偏差- 下极限偏差	$T_{\mathrm{h}} = \|50.039 - 50\|$ $= 0.039$ 或 $T_{\mathrm{h}} = \|+0.039 - 0\|$ $= 0.039$	$T_{\mathrm{s}} = \|49.975 - 49.950\|$ $= 0.025$ 或 $T_{\mathrm{s}} = \|-0.025 - (-0.050)\|$ $= 0.025$

2. 公差带及公差带图

（1）尺寸公差带

尺寸公差带简称公差带，在公差带图解中，由代表上极限偏差和下极限偏差，或上极限尺寸和下极限尺寸的两条直线所限定的一个区域，它是由公差大小和相对于零线的位置如基本偏差来确定。图 2-5a 为孔的公差带示意图，图 2-5b 为轴的公差带示意图。

（2）公差带图

为了便于分析，一般将尺寸公差与公称尺寸的关系，按放大比例画成简图，称为公差带图。在公差带图中，上、下极限偏差的距离应成比例，公差带方框的左右长度根据需要任意确定。一般用斜线表面

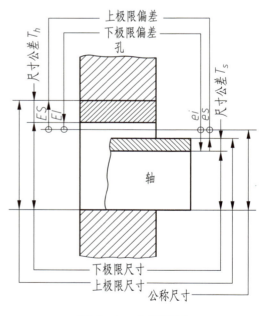

图 2-4　术语图解

表示孔的公差带；反向斜线表面表示轴的公差带。通常以零线表示公称尺寸，以其为基准确定偏差和公差。正偏差位于其上，负偏差位于其下（图2-6），图 2-7所示为公差带图示例。

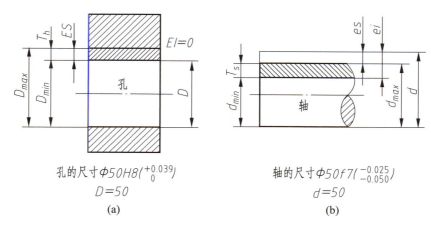

孔的尺寸$\phi 50H8\left(^{+0.039}_{0}\right)$
$D=50$
(a)

轴的尺寸$\phi 50f7\left(^{-0.025}_{-0.050}\right)$
$d=50$
(b)

图 2-5　孔和轴公差带示意图

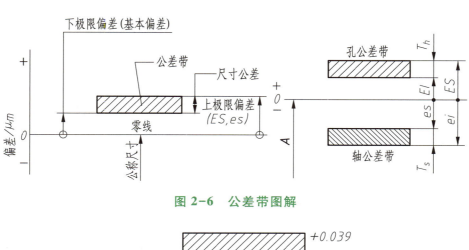

图 2-6　公差带图解

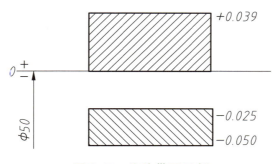

图 2-7　公差带图示例

二、标准公差与基本偏差

公差带是由大小和位置两个基本要素确定的。公差带的大小由标准公差确定，公差带相对于零线的位置由基本偏差确定。

1. 标准公差

由国家标准规定的，用于确定公差带大小的任一公差。公差等级确定尺寸的精确程度，也反映了加工的难易程度。国家标准把公差等级组分为 20 个等级，分别用 IT01、IT0、IT1-IT18 表示，称为标准公差等级代号。IT（International Tolerance）表示标准公差，数字表示公差等级。当公称尺寸一定时，公差等级愈高，标准公差值愈小，尺寸的精确度就愈高，加工难度愈大。为了使用方便，国家标准把公称尺寸范围分段，按不同的公差等级对应各个尺寸分段规定出公差值，并用表的形式列出，见附表 1。

2. 基本偏差

基本偏差是指用以确定公差带相对于零线位置的上极限偏差或下极限偏差，一般是指靠近零线的那个偏差。根据实际需要，国家标准分别对孔和轴各规定了 28 个不同的基本偏差（图 2-8）。轴和孔的基本偏差数值见附表 2、附表 3。

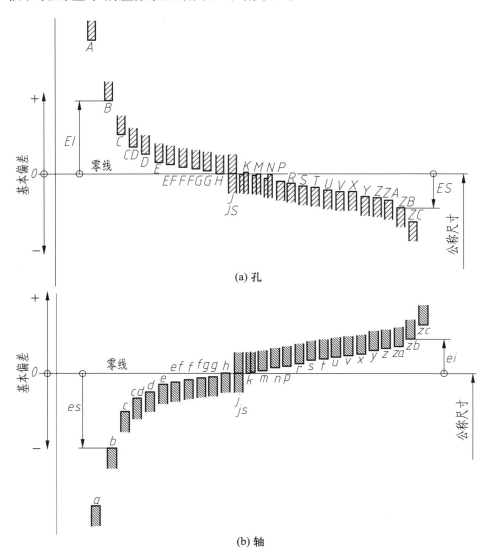

(a) 孔

(b) 轴

图 2-8　基本偏差系列图

三、未注公差尺寸

在零件图上只标注公称尺寸而不标注极限偏差的尺寸称为未注公差尺寸，这类尺寸主要用于某些非配合尺寸。未注公差尺寸同样是有公差要求的，国标 GB/T 1804—2008 对这类尺寸的极限偏差作了较简明的规定，把这类公差称为一般公差。一般公差是普通工艺条件下的经济加工精度。未注公差的线性尺寸的极限偏差数值见附表 4。未注公差尺寸在图形上不注明公差，目的是为了突出标注公差的重要尺寸，以保证图样的清晰，但在技术要求中应进行说明。例如：某零件上线性尺寸未注公差选用"中等级"时，应在零件图的技术要求中作如下说明："线性尺寸的未注公差为 GB/T 1804—m"。

四、基准制与配合

在机器装配中，将公称尺寸相同的、相互结合的孔和轴公差带之间的关系，称为配合。

1. 配合种类

根据机器的设计要求和生产实际的需要，国家标准将配合分为三类，具体见表 2-2。

表 2-2　配 合 类 型

配合类型	含义	图　例
间隙配合	孔的公差带完全在轴的公差带之上，任取其中一对轴和孔相配都成为具有间隙的配合（包括最小间隙为零）	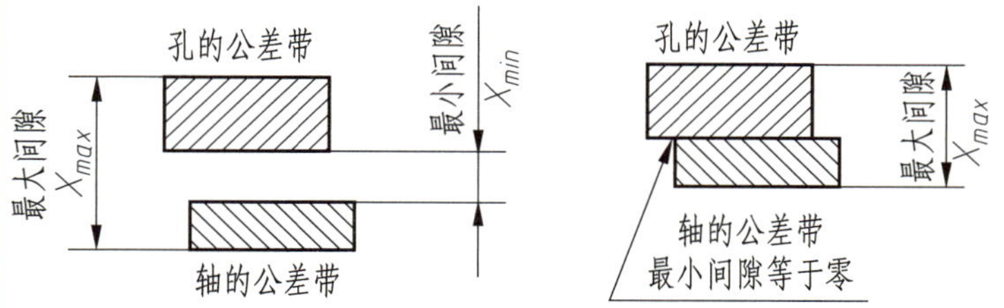
过盈配合	孔的公差带完全在轴的公差带之下，任取其中一对轴和孔相配都成为具有过盈的配合（包括最小过盈为零）	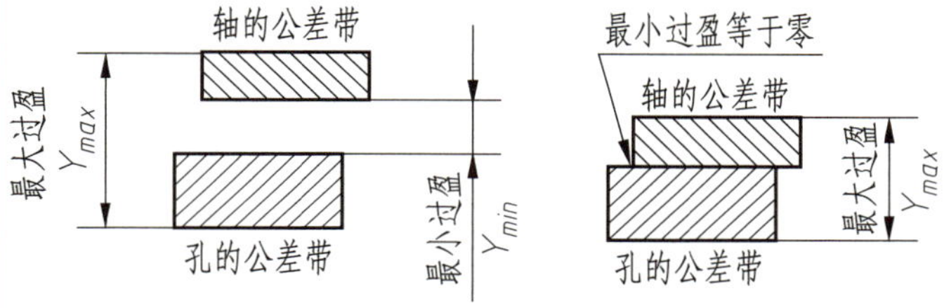
过渡配合	孔和轴的公差带相互交叠，任取其中一对孔和轴相配合，可能具有间隙，也可能具有过盈的配合	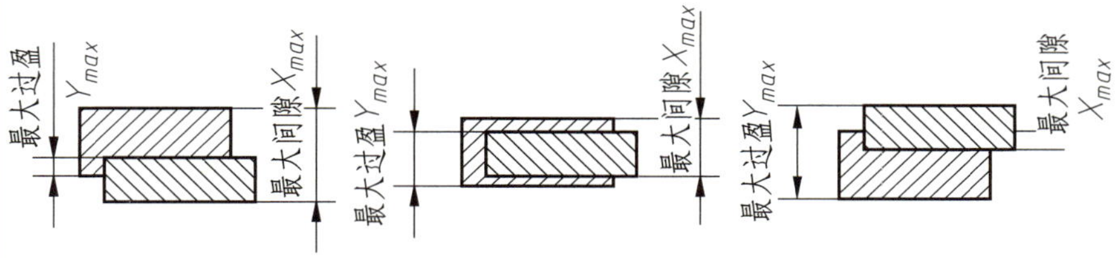

间隙配合

$$X_{\max} = ES - ei$$
$$X_{\min} = EI - es$$
$$T_{\mathrm{f}} = |\ X_{\max} - X_{\min}\ |$$

过盈配合

$$Y_{\min} = ES - ei$$

$$Y_{\max} = EI - es$$

$$T_{f} = |Y_{\max} - Y_{\min}|$$

过渡配合

$$X_{\max} = ES - ei$$

$$Y_{\max} = EI - es$$

$$T_{f} = |X_{\max} - Y_{\max}|$$

配合公差

$$T_{f} = T_{h} + T_{s}$$

2. 配合的基准制

国家标准规定了两种基准制，见表 2-3。

表 2-3 基 准 制

基准制	基 孔 制	基 轴 制
含义	基本偏差为一定的孔的公差带，与不同基本偏差的轴的公差带形成各种配合的一种制度称为基孔制。这种制度在同一公称尺寸的配合中，是将孔的公差带位置固定，通过变动轴的公差带位置，得到各种不同的配合。基孔制的孔称为基准孔。国标规定基准孔的下极限偏差为零，"H"为基准孔的基本偏差。基本偏差 $a \sim h$ 用于间隙配合；$j \sim zc$ 用于过渡配合和过盈配合	基本偏差为一定的轴的公差带与不同基本偏差的孔的公差带形成各种配合的一种制度称为基轴制。这种制度在同一公称尺寸的配合中，是将轴的公差带位置固定，通过变动孔的公差带位置，得到各种不同的配合。基轴制的轴称为基准轴。国家标准规定基准轴的上极限偏差为零，"h"为基轴制的基本偏差。基本偏差 $A \sim H$ 用于间隙配合；$J \sim ZC$ 用于过渡配合和过盈配合
图例		

3. 公差与配合的选用

（1）选用优先公差带和优先配合

国家标准根据机械工业产品生产使用的需要，考虑到定值刀具、量具的统一，规定了一般用途孔公差带 105 种，轴公差带 119 种以及优先选用的孔、轴公差带。国家标准还规定轴、孔公差带中组合成基孔制常用配合 59 种，优先配合 13 种；基轴制常用配合 47 种，优先配合 13 种，见附表 6。应尽量选用优先配合和常用配合，见附表 5。

（2）选用基孔制

一般情况下优先采用基孔制。这样可以限制定值刀具、量具的规格和数量。基轴制通常仅用于有明显经济效果和结构设计要求不适合采用基孔制的场合。

例如，使用一根冷拔的圆钢作轴，轴与几个具有不同公差带的孔配合，此时，轴就不另行机械加工。一些标准滚动轴承的外圈与孔的配合，也采用基轴制。

（3）选用孔比轴低一级的公差等级

在保证使用要求的前提下，为减少加工量，应当使选用的公差为最大值。加工孔较困难，一般在配合中选用孔比轴低一级的公差等级，如 H8/h7。

【任务实施】

1. 线性尺寸项目解读

线性尺寸项目解读见表 2-4。

表 2-4　线性尺寸项目解读　　　　　mm

测量项目	ϕ12g6	4J8	ϕ10±0.11	168
公称尺寸	ϕ12	4	ϕ10	168
上极限尺寸	ϕ11.994	4.009	ϕ10.11	168.5
下极限尺寸	ϕ11.983	3.991	ϕ9.89	167.5
上极限偏差	-0.006	+0.009	+0.11	+0.5
下极限偏差	-0.017	-0.009	-0.11	-0.5
尺寸公差	0.011	0.018	0.22	1
合格条件	实际尺寸在 ϕ11.994～ϕ11.983	实际尺寸在 4.009～3.991	实际尺寸在 ϕ10.11～ϕ9.89	实际尺寸在 168.5～167.5

2. 配合项目解读

配合项目解读见表 2-5。

表 2-5　配合项目解读　　　　　　　　　　　　　　　　　　　　mm

测量项目	$\phi12H7/g6$		$\phi40F8/h6$	
	孔 $\phi12H7$	轴 $\phi12g6$	ϕ 孔 $\phi40F8$	轴 $\phi40h6$
公称尺寸	$\phi12$	$\phi12$	$\phi40$	$\phi40$
上极限尺寸	$\phi12.018$	$\phi11.994$	$\phi40.064$	$\phi40$
下极限尺寸	$\phi12$	$\phi11.983$	$\phi40.025$	$\phi39.984$
上极限偏差	$+0.018$	-0.006	$+0.064$	0
下极限偏差	0	-0.017	$+0.025$	-0.016
尺寸公差	0.018	0.011	0.039	0.016
合格条件	实际尺寸在 $\phi12\sim\phi12.018$	实际尺寸在 $\phi11.994\sim\phi11.983$	实际尺寸在 $\phi40.064\sim\phi40.025$	实际尺寸在 $\phi40\sim\phi39.984$
基准制	基孔制		基轴制	
配合类型	间隙配合		间隙配合	
$X_{max}(Y_{min})$/mm	$+0.035$		$+0.080$	
$X_{min}(Y_{max})$/mm	$+0.006$		$+0.025$	
配合公差/mm	0.029		0.055	

【任务评价】

根据本次活动的学习情况，认真填写附录 3 所示活动评价表。

【想想练练】

1. 参照表 2-5，解读 $\phi50H7/k6$、$\phi20U7/h6$。
2. 画出上述两种配合的公差带图。

任务二　长度的测量

【工作情境】

在轴、套、盘、箱体等各类机械零件的加工过程中，零件的长度是经常遇到的线性尺寸之一，这些尺寸有的没有公差要求，有的公差要求很高，作为生产一线的操作人员或质量检测员，应该能正确选择测量工具，进行长度尺寸的测量。

【相关知识】

1. 零件图上长度尺寸的识读
2. 会使用钢直尺、游标卡尺及外径千分尺测量长度
3. 长度测量数据的收集与处理
4. 长度尺寸合格性的判断
5. 钢直尺、游标卡尺与外径千分尺的保养方法

活动一　用钢直尺测量长度

在车床上加工如图 2-9 所示的阶梯轴时，试用测量工具测量毛坯的长度及毛坯在车床上装夹后伸出部分长度，并在加工后测量轴肩是否符合尺寸要求。

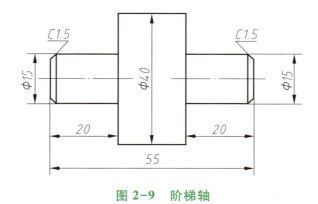

图 2-9　阶梯轴

【活动分析】

这里的测量精度要求不高，所以使用钢直尺来完成这个活动。钢直尺的长度有 150 mm、300 mm、500 mm 和 1000 mm 四种规格。这里选用常用的 150 mm 钢直尺，如图 2-10 所示。

图 2-10　150 mm 钢直尺

钢直尺是常用量具中最简单的一种量具，可用来测量工件的长度、宽度、高度和深度等，如图 2-11 所示。

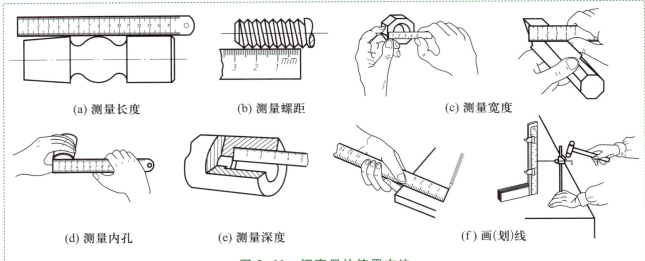

(a) 测量长度　　　　　　(b) 测量螺距　　　　　　(c) 测量宽度

(d) 测量内孔　　　　　(e) 测量深度　　　　　　(f) 画(划)线

图 2-11　钢直尺的使用方法

　　用钢直尺测量零件的长度尺寸，其测量结果不太准确。因为钢直尺的刻线间距为 1 mm，而刻线本身的宽度就有 0.1~0.2 mm，所以测量时读数误差比较大，只能读出毫米数，即它的最小读数值为 1 mm，比 1 mm 小的数值，只能估计而得。如果用钢直尺直接去测量零件的直径尺寸(轴径或孔径)，则测量精度更差。所以常用钢直尺来粗测工件的长、宽、厚等尺寸。

【活动实施】

1. 测量步骤

（1）检查钢直尺的刻度端面和刻度侧面有无缺陷及弯曲，用棉纱擦净钢直尺及工件。

（2）以钢直尺左端的零刻度线为测量基准，放正钢直尺，如图 2-12 所示。从刻度线的正前方正视，读取读数。

（3）装上工件，夹紧前用钢直尺检查伸出部分，是否 40 mm 左右。如图 2-13 所示，将直尺在工作台上单独放平放好，确保伸出 40 mm 后，夹紧工件。

图 2-12　用钢直尺测量毛坯长度

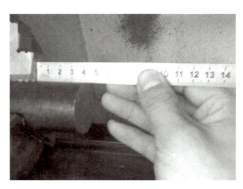

图 2-13　用钢直尺测量工件装夹后伸出长度

（4）加工后，等机床停下，工件冷却，工件擦净，测量加工部分长度，方法同步骤（2）、步骤（3）。

（5）全部测量完毕后，将直尺擦净，放回原处。

使用注意事项：

① 注意防止钢直尺弯曲、生锈；不要靠近热工件，以防其变形。

② 不要拗折钢直尺，不要用钢直尺划拉铁屑，不要随意乱扔钢直尺。

③ 用钢直尺测量圆截面直径时，被测面应平，使尺的左端与被测面的边缘相切，摆动尺子找出最大尺寸，即为所测直径。

---

2. 检测报告

仿照附录 2 自己设计零件检测报告单，将测量数据填入其中，并进行数据处理。

【活动评价】

根据本次活动的学习情况，认真填写附录 3 所示活动评价表。

活动二 用游标卡尺测量长度

测量图 2-14 所示的底座的长度尺寸。

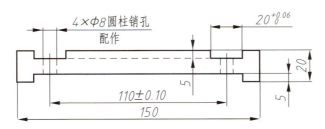

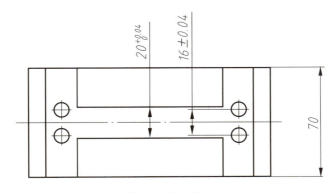

图 2-14 底座

【活动分析】

本次活动测量项目解读见表 2-6，其中，长度尺寸 150、70、5、20 为一般未标注公差尺寸，公差值可按 m（中等级）公差等级查附表 4 得到。

表 2-6　长度尺寸项目解读　　　　　　　　　　　　　　　　　　　mm

测量项目	$20^{+0.04}_{0}$	$20^{+0.06}_{0}$	16 ± 0.04	110 ± 0.10	150	70	5	20
公称尺寸	20	20	16	110	150	70	5	20
上极限尺寸	20.04	20.06	16.04	110.1	150.5	70.3	5.1	20.2
下极限尺寸	20.00	20.00	15.96	109.9	149.5	69.7	4.9	19.8
上极限偏差	+0.04	+0.06	+0.04	+0.1	+0.5	+0.3	+0.1	+0.2
下极限偏差	0	0	−0.04	−0.1	−0.5	−0.3	−0.1	−0.2
尺寸公差	0.04	0.06	0.08	0.2	1.0	0.6	0.2	0.4

测量项目有内、外直径、宽度和高度，还有槽的深度，较适宜用游标卡尺来测量。

游标卡尺可测量工件的内、外直径、宽度和高度，有的还可用来测量槽的深度，在测量中用得很多，如图 2-15 所示。如果按游标的分度值来分类，游标卡尺可分 0.1 mm、0.05 mm、0.02 mm 三种。

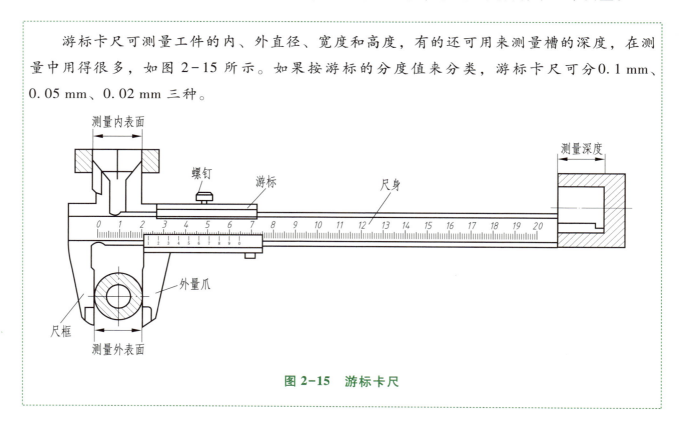

图 2-15　游标卡尺

根据零件的公称尺寸和公差要求，选用分度值为 0.02 mm、测量范围为 0~200 mm 的游标卡尺。

　　测量或检验零件尺寸时，要按照零件尺寸的精度要求，选用相适应的量具。游标卡尺是一种中等精度的量具，它只适用于中等精度尺寸的测量和检验。用游标卡尺去测量锻、铸件毛坯或精度要求很高的尺寸，都是不合理的。前者容易损坏量具，后者测量精度达不到要求，因为量具都有一定的示值误差，游标卡尺的示值误差见表2-7。

表2-7　游标卡尺的示值误差　　　　　　　　　　　　　　　　　　　mm

游标分度值	示值总误差
0.02	±0.02
0.05	±0.05
0.1	±0.1

　　游标卡尺的示值误差，就是游标卡尺本身的制造精度，不论你使用得怎样正确，卡尺本身都可能产生这些误差。例如，用游标读数值为0.02 mm的0～125 mm的游标卡尺(示值误差为±0.02 mm)，测量50 mm的尺寸时，若游标卡尺上的读数为50.00 mm，实际尺寸可能是50.02 mm，也可能是49.98 mm。这与游标卡尺的使用方法无关，而与它本身的制造精度有关。因此，若该尺寸是IT5级精度的，则它的制造公差为0.013 mm，而游标卡尺本身就有着±0.02 mm的示值误差，选用这样的量具去测量，显然是无法保证精度要求的。

　　本次活动中，测量项目$20^{+0.04}_{0}$和$20^{+0.06}_{0}$属较精密的尺寸，为了保证测量精度，用游标卡尺先测量20 mm的块规，消除游标卡尺的示值误差(称为用块规校对游标卡尺)。

　　用游标卡尺先测量20 mm的块规，看游标卡尺上的读数是不是正好20 mm。如果不是正好20 mm，则比20 mm大的或小的数值，就是游标卡尺的实际示值误差，测量零件时，应把此误差作为修正值考虑进去。例如，测量20 mm块规时，游标卡尺上的读数为19.98 mm，即游标卡尺的读数比实际尺寸小0.02 mm(校正值为+0.02 mm)，则在用游标卡尺测量槽时，应在游标卡尺的读数上加上0.02 mm，才是槽宽的实际尺寸，若测量20 mm块规时的读数是20.02 mm，校正值为-0.02mm，则在测量槽宽时，应在读数上减去0.02 mm，才是槽宽的实际尺寸。

【活动实施】

1. 测量步骤

(1) 清洁量爪测量面(图2-16)和工件。

（2）检查各部件的相互作用，如尺框和微动装置移动是否灵活，紧固螺钉能否起作用。

（3）校对零位。使卡尺两量爪紧密贴合，应无明显的光隙，主尺零线与游标零线应对齐，如图 2-17 所示。

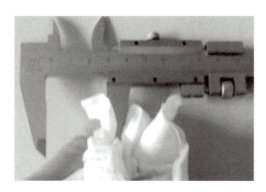

图 2-16　清洁量爪测量面

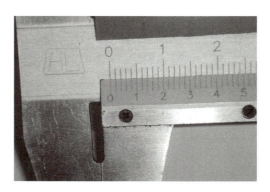

图 2-17　校对零位

（4）将工件平放在平台上，用左手食指抵住尺身左端，右手握住尺身并移动游标使测量爪靠近工件表面，如图 2-18 所示。旋紧微调装置紧固螺钉，右手拇指转动微调螺母，使两量爪测量面与被测表面平行接触，并作少量滑移，凭手感轻微接触为止，目光正视读出尺寸数值。决不可把卡尺的两个量爪调节到接近甚至小于所测尺寸，把卡尺强制地卡到零件上去。这样做会使量爪变形，或使测量面过早磨损，使卡尺失去应有的精度。尽量在工件上读数，然后松开量爪，取出卡尺；测量时，游标卡尺要端平，避免出现图 2-19 所示错误，显然测量值 a 与实际值 b 有偏差，会产生测量误差。

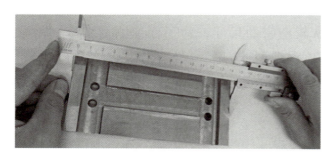

图 2-18　双手测量

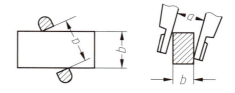

图 2-19　卡尺未端平

游标卡尺读数原理与读数方法

　　游标卡尺尺身上有与钢直尺一样的主尺刻度，尺身上的刻线间距为 1 mm，尺身的长度决定游标卡尺的测量范围。游标分度值有 0.1 mm、0.05 mm 和 0.02 mm 三种。

　　当活动测量爪与尺身上的固定测量爪贴合时，游标的"0"刻线（简称游标零线）与尺身的"0"刻线对齐，此时测量爪之间的距离为零。测量时，活动测量爪与固定测量爪之间的距离，就是被测尺寸。

游标卡尺读数时可分三步：

① 先读整数——看游标零线的左边，尺身上最靠近的一条刻线的数值，读出被测尺寸的整数部分；

② 再读小数——看游标零线的右边，数出游标第几条刻线与尺身的数值刻线对齐，读出被测尺寸的小数部分（即游标读数值乘其对齐刻线的顺序数）；

③ 得出被测尺寸——把上述的整数部分和小数部分相加，就是所测尺寸。

如图 2-20 所示，被测尺寸的整数部分可从游标零线左边的尺身刻线上读出来（为30 mm），而比 1 mm 小的小数部分则是借助游标读出来的（图中·所指刻线为7,该游标卡尺的游标分度值为0.1 mm,则小数部分为0.7 mm），二者之和即被测尺寸30.7 mm。由此可见，游标卡尺的读数，关键在于小数部分的读数。

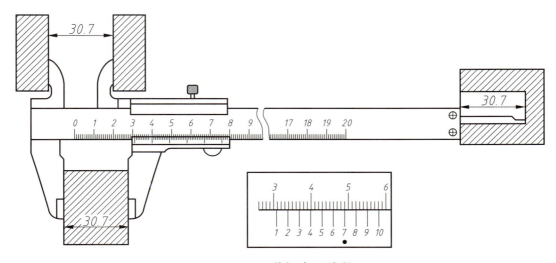

图 2-20 游标卡尺读数

读一下表 2-8 所示的游标卡尺读数。

表 2-8 游标卡尺读数示例

游 标 零 位	读 数 举 例	读数值
1		2.3 mm
2		32.55 mm

续表

游 标 零 位	读 数 举 例	读数值
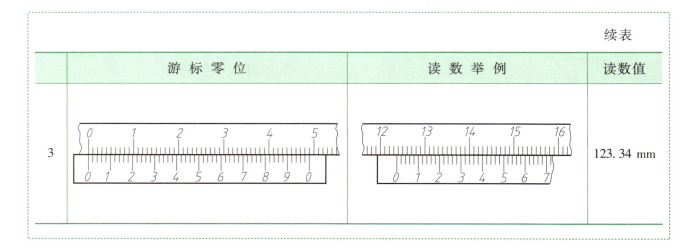		123.34 mm

（5）同一尺寸应在多处测量，如图 2-21 所示，并复量几次，记录读数值。

 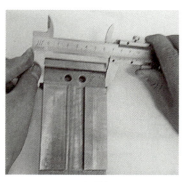 

(a) 测量1　　　　　　　　　(b) 测量2　　　　　　　　　(c) 测量3

图 2-21　同一尺寸应多处测量

（6）图 2-22 所示为测量槽宽，图 2-23 所示的为测量工件厚度，图 2-24 所示的为测量槽深，右手握卡尺，尺身端部平面靠在基准面上；右手拇指缓慢拉动游标，带动深度尺与工件底面相接触；右手旋紧螺钉后，目光正视读出尺寸数值并记录。

（7）卡尺使用完毕，要擦净、上油，放到卡尺盒内，注意不要锈蚀或弄脏。

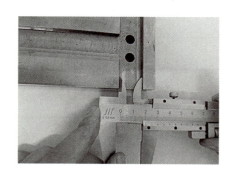  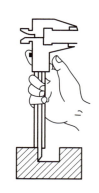

图 2-22　测量槽宽　　　**图 2-23　测量工件厚度**　　　**图 2-24　测量槽深**

图 2-25、图 2-26 所示的为带表游标卡尺和数显游标卡尺，读数更方便，也提高了测量精度。

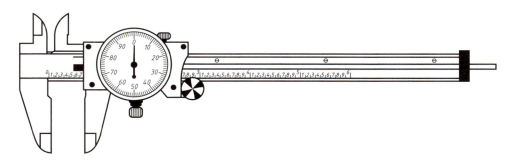

图 2-25　带表游标卡尺

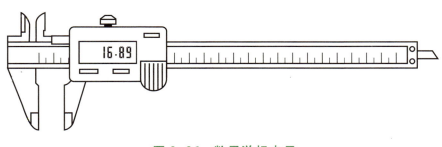

图 2-26　数显游标卡尺

2. 检测报告

仿照附录 2 自己设计零件检测报告单，将测量数据填入其中，并进行数据处理。

【活动评价】

根据本次活动的学习情况，认真填写附录 3 所示活动评价表。

活动三　用外径千分尺测量长度

测量图 2-14 中的尺寸 70。

【活动分析】

外径千分尺（图 2-27）可以用来测量长度类零件的外形尺寸。根据测量尺寸，选用50~75 mm 的外径千分尺。

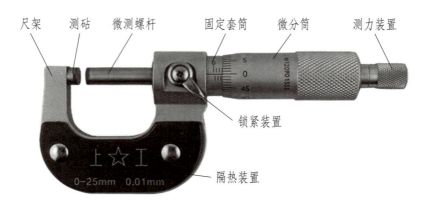

尺架　测砧　微测螺杆　　固定套筒　微分筒　　测力装置

锁紧装置

隔热装置

0-25mm 0.01mm

图 2-27　外径千分尺

应用螺旋测微原理制成的量具，称为螺旋测微量具。它们的测量精度比游标卡尺高，并且测量比较灵活，因此，当加工精度要求较高时多被应用。常用的千分尺的分度值为 0.01 mm。

外径千分尺的测量范围、精度级别及对应的示值误差、使用范围见表 2-9 和表 2-10。

表 2-9　外径千分尺的测量范围及对应的示值误差　　　　mm

测量范围	示值误差		两测量面平行度	
	0 级	1 级	0 级	1 级
0~25	±0.002	±0.004	0.001	0.002
25~50	±0.002	±0.004	0.0012	0.0025
50~75、75~100	±0.002	±0.004	0.0015	0.003
100~125、125~150		±0.005		
150~175、175~200		±0.006		
200~225、225~250		±0.007		
250~275、275~300		±0.007		

表 2-10　外径千分尺的精度级别及对应的使用范围

千分尺的精度级别	被测件的公差等级	
	适用范围	合理使用范围
0 级	IT8~IT16	IT8、IT9
1 级	IT9~IT16	IT9、IT10
2 级	IT10~IT16	IT10、IT11

测量不同公差等级工件，应首先根据标准规定，合理选用千分尺。

【活动实施】

1. 测量步骤

（1）清洁千分尺的尺身、测砧及工件。

（2）校对零位。用标准样块（校块），使其与外径千分尺零位相对齐，当测微螺杆与测砧接触后，微分筒上的零线与固定套筒上的水平线应该是对齐的，如图 2-28 所示。只要零位偏差不超过 ±0.002 mm（2 μm），该千分尺就被视为合格，千分尺无须校正。

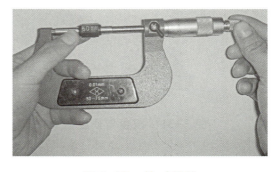

图 2-28　校对零线

　　检查千分尺零位是否校准时，要使测微螺杆和测砧接触，偶尔会发生反向旋转测力装置两者不分离的情形。这时可用左手手心用力顶住尺架上测砧的左侧，右手手心顶住测力装置，再用手指沿逆时针方向旋转旋钮，可以使螺杆和测砧分开。

　　校正工作需送计量室由专业计量人员处理，应使用产品盒中配套的扳手调整，将单爪端插入固定套筒的小孔内，转动固定套筒，即可调零。如零位偏差较大，使用扳手双爪端旋松测力装置，持小锤轻击微分筒尾端，使其与测微螺杆脱开，转动微分筒对零后旋紧测力装置。

（3）将工件平放在工作台上，左手握尺架，右手转动微分筒，使测微螺杆测量面和被测表面接近，再改为转动测力装置，直到听见"咔、咔、咔"声时停止，然后读数，如图 2-29 所示。如果取下读数，则应将锁紧装置锁紧后取出千分尺，如图 2-30 所示。

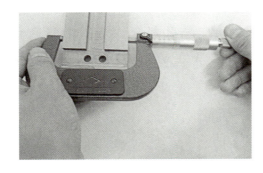

图 2-29　千分尺双手测量法

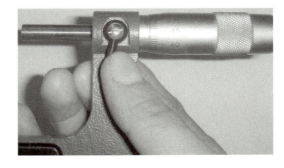

图 2-30　锁紧千分尺

选取平面内多点进行测量，并复量几次，取平均值，得出测量结果。

需要注意的是在读数时，视线要与刻度线垂直（图 2-31）；测量时，要握住隔热装置（图 2-32），保持测力恒定，不要用力过度，不要锁紧测微螺杆后测量。双手测量时，不要拧动微分筒。

图 2-31　视线与刻度线垂直

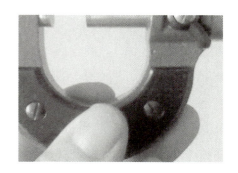

图 2-32　握住隔热装置

如图 2-33 所示，固定套筒上有一条水平线，这条线上、下各有一列间距为 1 mm 的刻度线，上面的刻度线恰好在下面两相邻刻度线中间。微分筒上刻度线是将圆周分为 50 等分的水平线，它是可旋转的。根据螺旋运动原理，当微分筒旋转 1 周时，测微螺杆前进或后退一个螺距即 0.5 mm。这样，当微分筒旋转一个分度后，它转过了 1/50 周，这时螺杆沿轴线便移动了 $1/50 \times 0.5$ mm = 0.01 mm，因此，使用千分尺可以准确读出 0.01 mm 的数值。

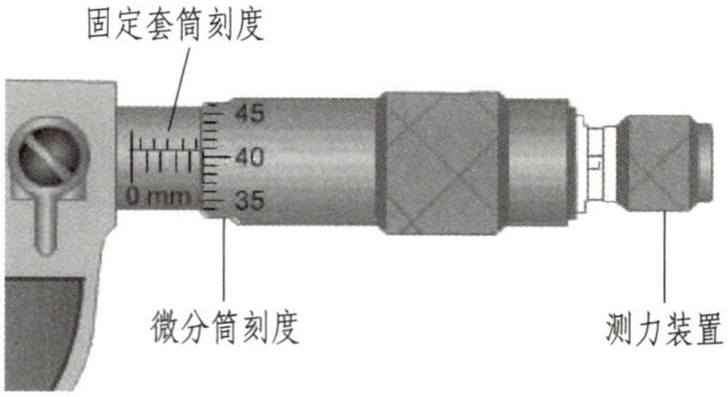

图 2-33　千分尺刻度说明

（标注：固定套筒刻度、微分筒刻度、测力装置）

被测读数 = 整数值 + 小数值。

被测值的整数值部分在固定套筒的主刻度上读取，以微分筒端面所处在主刻度的下刻线位置来确定。被测值的小数值部分在微分筒和固定套筒的主刻度的上刻线上读取。当上刻线出现时，小数值 = 0.5 + 微分筒上读数；当上刻线未出现时，小数值 = 微分筒上读数。图 2-34 为千分尺读数示例。

需要说明的是，有些千分尺用主刻度的上刻线来读取整数部分，用下刻线来读取小数部分。可通过看整数值标记来确定。整数值标记所在的刻度线用来读取整数部分。

读数：1.283 mm（划×）
读数：1.783 mm（划√）

读数：1.78 mm（划×）
读数：1.780 mm（划√）

图 2-34　千分尺读数示例

（4）测量完毕，将千分尺擦净，放回盒内，千分尺回位时不要摇转微分筒（图 2-35）。

图 2-35　不要摇转微分筒

注意事项及保养：

① 测量时要握住隔热装置处，将千分尺放正并注意温度的影响。

② 使用时或使用后都要避免发生摔碰。

③ 不能用千分尺测量毛坯件及未加工表面。

④ 不能在工件转动时进行测量。

⑤ 不能把千分尺当做其他工具使用。

⑥ 不允许用砂纸或硬的金属刀具去污或除锈。

⑦ 千分尺不能和其他工具混放，长时间不用，要擦净、上油，放进盒内，防锈防尘。

⑧ 大型的千分尺使用后要平放在盒内，以免引起变形。

2. 检测报告

仿照附录 2 自己设计零件检测报告单，将测量数据填入其中，并对数据进行处理。

【知识拓展】

其他长度测量、检测工具

1. 深度游标卡尺

图 2-36 所示的是深度游标卡尺，主要用于测量零件的深度尺寸或台阶高低和槽的深度。它的读数方法和游标卡尺完全一样。

测量时，先把测量基座轻轻压在工件的基准面上，卡尺两个端面必须接触工件的基准面，如图 2-37a 所示。测量台阶时，测量基座的端面一定要压紧在基准面上，如图 2-37b、2-37c所示，再移动尺身，直到尺身的端面接触到工件的测量面（台阶面），然后用紧固螺钉固定游标，提起卡尺，读出深度尺寸。多台阶小直径的内孔深度测量，要注意尺身的端面是否在要测量的台阶上，如图 2-37d 所示。当基准面是曲线时，如图 2-37e 所示，测量基座的端面必须放在曲线的最高点上，这时测量出的深度尺寸才是工件的实际尺寸，否则会出现测量误差。

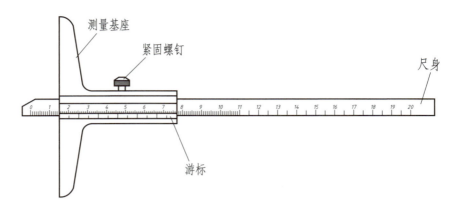

图 2-36　深度游标卡尺

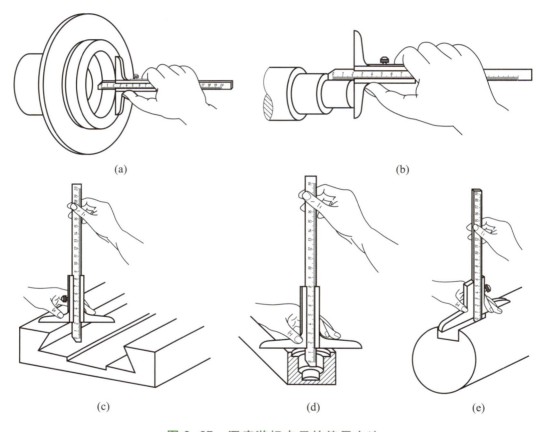

(a)

(b)

(c)

(d)

(e)

图 2-37　深度游标卡尺的使用方法

2. 高度游标卡尺

高度游标卡尺如图 2-38 所示，用于测量零件的高度和精密画线。

在测量高度时，量爪测量面的高度，就是被测量零件的高度尺寸，它的具体读数与游标卡尺一样，可在主尺（整数部分）和游标（小数部分）上读出。图 2-39、图 2-40 所示是高度游标卡尺应用示例。

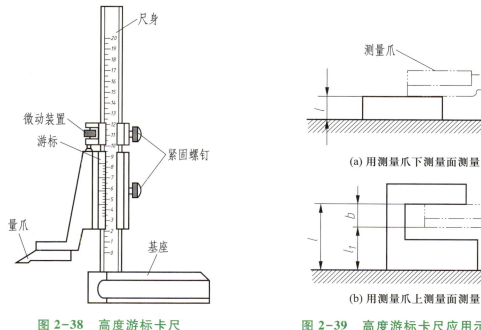

图 2-38 高度游标卡尺

图 2-39 高度游标卡尺应用示例 1（测量）

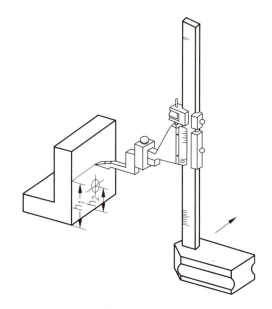

图 2-40 高度游标卡尺应用示例 2（划线）

3. 量块

量块又称块规。它是机器制造业中控制尺寸的最基本的量具，是从标准长度到零件之间尺寸传递的媒介，是技术测量中长度计量的基准。通过对计量仪器、量具和量规等示值误差的检定等方式，使机械加工中各种制品的尺寸能够溯源到长度基准。量块也可用于直接或比较法测量工件尺寸。

长度量块是用耐磨性好、硬度高而不易变形的轴承钢制成矩形截面的长方块，如

图 2-41 所示。它有上、下两个测量面和四个非测量面。两个测量面是经过精密研磨和抛光加工的很平、很光的平行平面。

按照 GB/T 6093—2001《几何量技术规范（GPS）长度标准　量块》和 JJG 146—2011《量块检定规程》规定，量块主要以其长度的测量不确定度划分等别，以量块长度的偏差划分级别，同时量块各等、级对量块长度变动量和其他性能也有相应要求。量块按等分为 1、2、3、4、5 等，按级分为 K 级（校准级）和准确度级别 0、1、2、3 级共五级。0 级量块一般仅用于省市计量单位作为检定或校准精密仪器使用。3 级量块的精度最低，一般作为工厂或车间计量站使用的量块，用来检定或校准车间常用的精密量具。

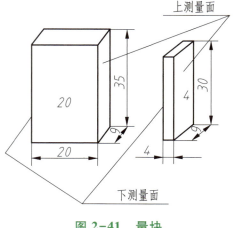

图 2-41　量块

一般来讲，生产厂生产的量块按级来确定，在使用之前，送计量检定机构进行检定，定等并给出每块量块的修正值。量块按级使用时，用其中心长度的标称长度，测量结果中包含了量块实测值对其标称值的偏差；量块按等使用时，用其中心长度的实测值，测量结果在一定程度上接近该量块长度的真值。由此可见，量块按等使用的精度比级的精度高得多。量块精度分等又分级，目的就在于可借助于高精度的测量方法来确定量块实测值，在使用时加以修正，从而提高量块的使用精度。另外，按等使用还能克服由于量块经常使用导致测量面质量下降而引起精度降低的缺陷。为此，对作为基准和高精度测量，应当按等使用，而在一般测量时可按级使用。

此外，量块的级与等之间存在一定的对应关系。由 JJG146—2011 可见，K、0、1、2、3 级量块长度偏差与 1、2、3、4、5 等量块长度不确定相当，因此在量块使用中，一定等的量块可以用相应级的量块来代替。但这种代替不经济，因为 3 级量块测量面的平面度，研合性都比 5 等量块要求高，反过来说，5 等量块不能代替 3 级量块使用。

量块是成套供应的，并将每套装成一盒。每盒中有各种不同尺寸的量块，其尺寸编组有一定的规定。

量块是很精密的量具，使用时必须注意以下几点：

① 量块应定期检定，并有检定合格证。一般检定周期为一年。

② 根据所需要的测量尺寸，自量块盒中挑选出最少块数的量块，一般不得超过 4~5 块。研合时，先将小尺寸量块研合，再将之与中等尺寸量块研合，最后与大尺寸量块研合。研合时，应将量块沿着它的测量面的长度方向，先将端缘部分测量面接触，然后再沿测量面方向推滑前进，直至完全研合在一起。

③ 使用前，先在汽油中洗去防锈油，再用清洁的麂皮或软绸擦干净。

④ 清洗后的量块，不要直接用手去拿，应当用软绸衬起来拿。若必须用手拿量块时，应当把手洗干净，并且要拿在量块的非工作面上。

⑤ 把量块放在工作台上时，应使量块的非工作面与台面接触。不要把量块放在蓝图上，因为蓝图表面有残留化学物，会使量块生锈。

⑥ 不要使量块的工作面与非工作面进行推合，以免擦伤测量面。

⑦ 量块使用后，应及时在汽油中清洗干净，用软绸揩干后，涂上防锈油，放在专用的盒子里。若经常需要使用，可在洗净后不涂防锈油，放在干燥缸内保存。绝对不允许将量块长时间的贴合在一起。

4. 塞尺

塞尺又称厚薄规或间隙片，主要用来检验间隙大小和窄槽宽度。塞尺由许多层厚薄不一的薄钢片组成（图2-42）。每把塞尺中的每片具有两个平行的测量平面，且都有厚度标记，以供组合使用。

测量时，根据结合面间隙的大小，用一片或数片重叠在一起塞进间隙内。例如用 0.03 mm 的一片能插入间隙，而0.04 mm的一片不能插入间隙，这说明间隙在 0.03 ~ 0.04 mm 之间，所以塞尺是一种界限量规。

图 2-42　塞尺

使用塞尺时必须注意下列几点：

① 根据结合面的间隙情况选用塞尺片数，但片数愈少愈好。

② 使用前必须清除塞尺和工件上的灰尘和油污。

③ 测量时不能用力太大，以免塞尺遭受弯曲和折断。

④ 不能测量温度较高的工件。

⑤ 不能与其他工具、刀具等混放，用后应将尺片及时推入尺框内。

测量长度的量具种类很多，还有如卡钳、深度千分尺等。还有一些精密测量的仪器，比如光学计量仪器"万能测长仪"。

【活动评价】

根据本次活动的学习情况，认真填写附录3所示活动评价表。

【想想练练】

1. 如图 2-43 所示游标卡尺，判断该游标卡尺的读数值并读数。

2. 使用游标卡尺应注意哪些事项？

3. 某仪器在示值为 20 mm 处的校正值为 -0.002 mm，用它测量工件时，若读数正好为 20 mm，工件的实际尺寸为多少？

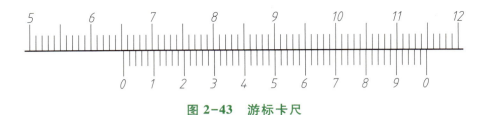

图 2-43 游标卡尺

任务三 轴径的测量

测量如图 2-44 所示 $\phi 8 \text{ mm} \times 16 \text{ mm}$ 圆柱销的直径与长度。

图 2-44 圆柱销

【工作情境】

轴类零件在机械工程中得到广泛应用，轴径是各类电动机主轴、传动轴、齿轮轴等零件与机座、轴承等部件配合的重要部位，轴径尺寸是否符合要求，影响到机器结构与运行稳定性等问题，因此，必须根据轴径尺寸精度要求正确选择测量工具，对其尺寸进行严格检测、控制。

【相关知识】

1. 零件图上轴径尺寸的识读
2. 使用游标卡尺及外径千分尺测量轴径的方法
3. 轴径测量数据的收集与处理
4. 轴径尺寸合格性的判断

活动一 用游标卡尺测量轴径

【活动分析】

选用分度值为 0.02 mm 的游标卡尺测量圆柱销的轴径与长度。

【活动实施】

1. 测量步骤

（1）清洁游标卡尺和圆柱销。

（2）检查、校对游标卡尺。

（3）圆柱销直径较小，可采用单手测量法，如图 2-45 所示。右手握卡尺，使外测量爪张开尺寸略大于被测工件尺寸。然后用右手拇指缓慢移动游标，使两量爪测量面轻轻地与被测工件表面平行接触（两测量爪与圆柱表面接触点的连线应通过工件中心，如图 2-46 所示）；游标卡尺上下轻微摆动，边摆动拇指边施加测量力，然后锁紧螺钉，以卡尺可轻轻滑出工件表面为准（图2-47），目光正视读出尺寸数值并记录。

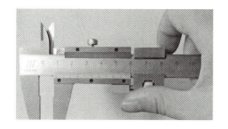

图 2-45　单手测量法

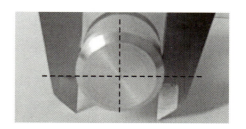

图 2-46　测量圆柱销直径

图 2-47　卡尺可轻轻滑出工件

（4）测量圆柱销长度，并记录数值。

（5）测量完毕，将卡尺整理好放回盒内。

2. 检测报告

仿照附录 2 自己设计检测报告单，将测量数据填入其中，并进行数据处理。

活动二　用外径千分尺测量轴径

【活动分析】

选用 0～25 mm 的外径千分尺测量圆柱销的轴径与长度。

【活动实施】

1. 测量步骤

（1）清洁外径千分尺和圆柱销。

（2）检查、校对外径千分尺。

（3）圆柱销直径较小，可采用单手测量法，如图 2-48 所示。右手大拇指和食指捏住微分筒，小指和无名指勾住尺架并压向手心。测量时，大拇指和食指转动微分筒，轻微用力使之与测量面接触，取下读数并记录。也可使用双手测量法，如图 2-49 所示。

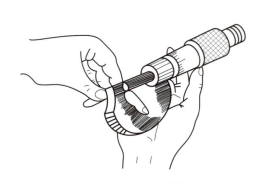

图 2-48　单手测量法

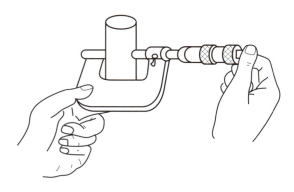

图 2-49　双手测量法

（4）测量圆柱销长度，并记录数值。

（5）测量完毕，将千分尺整理好放回盒内。

2. 检测报告

仿照附录 2 自己设计检测报告单，将测量数据填入其中，并进行数据处理。

【活动拓展】

测量装夹在车床上的工件外径。

测量装夹在车床上的工件外径时的姿势，如图 2-50 所示。

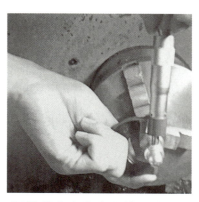

图 2-50　测量装夹在车床上的工件外径时的姿势

【知识拓展】

其他外径测量、检测工具

1. 杠杆千分尺

杠杆千分尺是利用螺旋副原理和尺架内的杠杆传动机构，通过固定套筒和微分筒以及指示表，在指示表上读取两测量面之间微小轴向位移量的外径千分尺。杠杆千分尺用来测量批量大、精度较高的中小型零件，如图 2-51 所示。

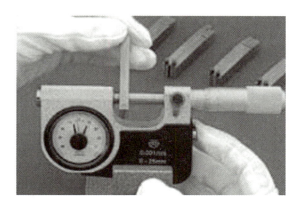

图 2-51　杠杆千分尺

2. 尖头千分尺

尖头千分尺是利用螺旋副原理对弓形尺架上两锥形球测量面分隔的距离进行读数的量具。尖头千分尺主要用于测量外径千分尺难以测量的槽和沟等，如图 2-52 所示。

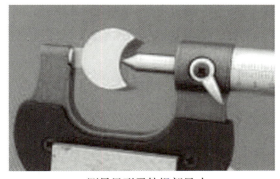
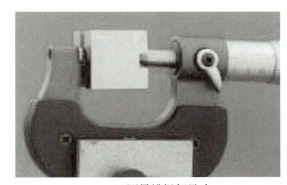

(a) 测量异形零件根部尺寸　　　　　　　　　　(b) 测量槽根部尺寸

图 2-52　尖头千分尺

3. 卡规

对成批大量生产的工件，为提高检测效率，常常使用光滑极限量规来检验。光滑极限量规是用来检验某一孔或轴专用的量具，简称量规。

量规是一种无刻度的专用检验工具，用它来检验工件时，只能判断工件是否合格，而不能测量出工件的实际尺寸。

卡规是检验工件长度尺寸和轴径尺寸的极限量规（图 2-53）。不能测具体数值，只能判断零件合格与否。

卡规主要用来检测圆柱形、长方形、多边形等工件的尺寸是否合格，如图 2-54 所示。在工厂大批量生产中广泛使用。

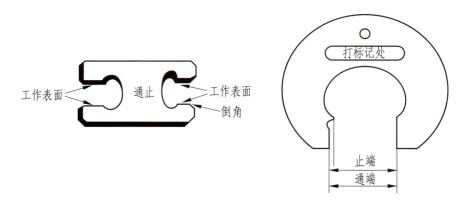

图 2-53 卡规

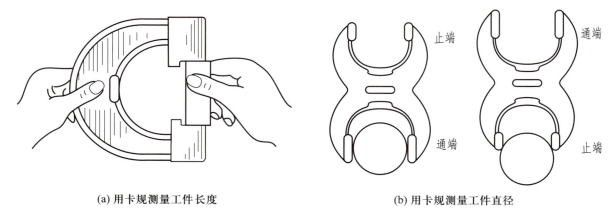

(a) 用卡规测量工件长度　　　　　　　　　(b) 用卡规测量工件直径

图 2-54 卡规的使用示例

【活动评价】

根据本次活动的学习情况，认真填写附录 3 所示的活动评价表。

【想想练练】

1. 使用附录 1 中的标准公差和基本偏差表，查出下列公差带的上、下极限偏差。
（1）$\phi32d9$ （2）$\phi80p6$ （3）$\phi120v7$ （4）$\phi70h11$ （5）$\phi28k7$ （6）$\phi280m6$

2. 用外径千分尺测量轴径时，造成测量误差的主要原因是什么？

任务四 孔径的测量

【工作情境】

孔是各种套筒类零件起支承或导向作用的最主要表面，如支承旋转轴的各种形式的滑动轴承、夹具上引导刀具的导向套、内燃机气缸套、液压系统中的液压缸以及一般用途的套筒内孔等，在机械制造工程中被广泛应用。根据零件孔径尺寸要求，正确选择测量工具，保证孔径尺寸，可以很好地实现孔的上述功能。

【相关知识】

1. 零件图上孔径尺寸的识读
2. 使用游标卡尺、内测千分尺与内径量表测量孔径的方法
3. 孔径测量数据的收集与处理
4. 孔径尺寸合格性的判断

活动一 用游标卡尺测量孔径

测量如图 2-55 所示环的尺寸 $\phi16^{+0.06}_{0}$、$\phi32$、10。

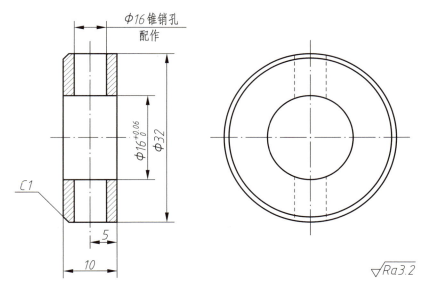

图 2-55 环

【活动分析】

选用分度值为 0.02 mm 的游标卡尺测量工件。

【活动实施】

1. 测量步骤

（1）清洁游标卡尺和工件。

（2）检查、校对游标卡尺。

（3）测量孔径。用单手测量法，右手握游标卡尺，以一量爪紧贴被测面，另一量爪拉至内径，如图 2-56 所示；然后一量爪作少量轻微上下摆动，找出最大点位置后，目光正视读出尺寸数值并记录。

（4）按图 2-57 所示测量工件厚度，按图 2-58 所示测量外径。

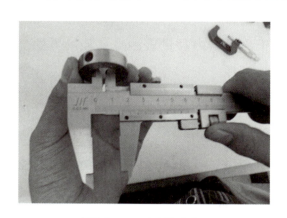

图 2-56　测量孔径

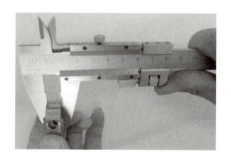

图 2-57　测量工件厚度

图 2-58　测量外径

　　用游标卡尺测量孔中心线与侧平面之间的距离 L 时，先要用游标卡尺测量出孔的直径 D，再用刃口形量爪测量孔的壁面与零件侧面之间的最短距离，如图 2-59 所示。测量工件的中心距 L' 与测量孔径的方法相同，如图 2-60 所示。

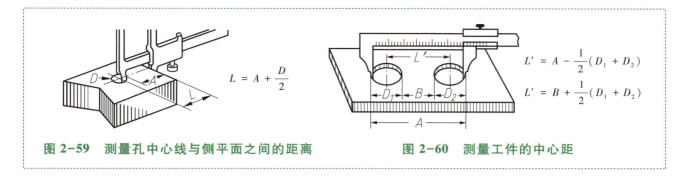

图 2-59 测量孔中心线与侧平面之间的距离   图 2-60 测量工件的中心距

$$L = A + \frac{D}{2}$$

$$L' = A - \frac{1}{2}(D_1 + D_2)$$

$$L' = B + \frac{1}{2}(D_1 + D_2)$$

（5）测量完毕，将游标卡尺整理好放回盒内。

2. 检测报告

仿照附录 2 自己设计检测报告单，将测量数据填入其中，并进行数据处理。

【活动评价】

根据本次活动的学习情况，认真填写附录 3 所示活动评价表。

活动二　用内测千分尺测量孔径

测量图 2-55 所示的环的内径。

【活动分析】

根据测量尺寸选用 5~30 mm 的内测千分尺（图 2-61）测量孔径。

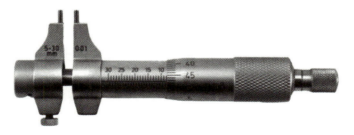

图 2-61 内测千分尺

内测千分尺是用于测量小尺寸内径和内侧面槽的宽度的。其特点是容易找正内孔直径，测量方便。国产内测千分尺的读数值为 0.01 mm，测量范围有 5~30 mm、25~50 mm、50~75 mm 三种。内测千分尺的读数方法与外径千分尺类似，固定套筒与微分筒上的刻线尺寸与外径千分尺相反，另外它的测量方向和读数方向也都与外径千分尺相反。

【活动实施】

1．测量步骤

（1）清洁内测千分尺和工件。

（2）检查、校对内测千分尺。

（3）测量孔径。测量时，固定测头与被测表面接触，摆动活动测头的同时，转动微分筒，使活动测头在正确位置上与被测工件接触，就可以从内测千分尺上读数，如图 2-62 所示。所谓正确位置，是指测量两平行平面间距离时，应测的最小值；测量内径尺寸时，轴向找最小值，径向找最大值。离开工件读数前，应用锁紧装置将测微螺杆锁紧，再进行读数，如图 2-63 所示。

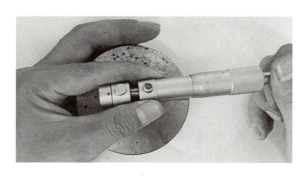

图 2-62　测量孔径

图 2-63　锁紧测微螺杆

（4）测量完毕，将内测千分尺整理好放回盒内。

2．检测报告

仿照附录 2 自己设计检测报告单，将测量数据填入其中，并进行数据处理。

【活动评价】

根据本次活动的学习情况，认真填写附录 3 所示活动评价表。

活动三　用内径量表测量孔径

用内径量表测量图 2-55 所示的环的内孔直径。

【活动分析】

根据测量尺寸选用合适的内径量表测量孔径，如图 2-64 所示。

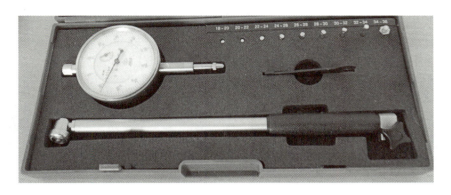

图 2-64 内径量表

内径量表是用相对法测量内孔的一种常用量具。其分度值为 0.01 mm，测量范围一般为 6~10 mm、10~18 mm、18~35 mm、35~50 mm、50~160 mm、160~250 mm、250~400 mm 等。

测量前应根据被测孔径的大小，在专用的环规或千分尺上调整好尺寸后才能使用。调整内径量表的尺寸时，选用可换测头的长度及其伸出的距离（大尺寸内径量表的可换测头是用螺纹旋上去的，故可调整伸出的距离，小尺寸的不能调整），应考虑使被测尺寸在活动测头总移动量的中间位置。

内径量表的示值误差比较大，如测量范围为 35~50 mm 的，示值误差为 ±0.015 mm。为此，使用时应当经常地在专用环规或千分尺上校对尺寸（习惯上称校对零位），如图 2-65 所示。

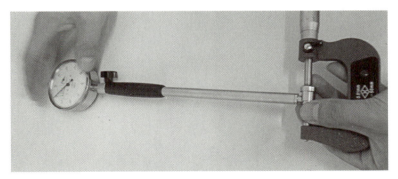

图 2-65 用千分尺校对零位

【活动实施】

1. 测量步骤

（1）清洁内径量表和工件。

（2）检查、校对内径量表。

（3）测量孔径的步骤如下：

① 根据被测孔的公称尺寸，选择合适的可换测头装在量脚上并用螺母固定，如图 2-66 所示，使其尺寸比公称尺寸大 0.5 mm 左右(可用游标卡尺测量测头间的大致距离)。

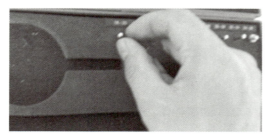 

(a) 选取合适的测头 　　　　　　　　　　　　　　　　(b) 安装测头

图 2-66　更换测头

② 按图 2-67 所示，将百分表装入量杆，并使百分表预压 0.2~0.5 mm。

③ 将外径千分尺调节至被测孔的公称尺寸，并锁紧千分尺。然后把内径量表测头 1、测头 2 置于千分尺的两测量面间，找到最小值，把百分表指针调到零位。

④ 将调整好的内径量表测头插入被测孔内，沿孔的轴线方向测量几个截面，如图 2-68 所示，每个截面要等分测量 3 或 4 个数值(注:测量各点时,找到该点的最小读数)并记下所有读数。

⑤ 用分度值大于 0.01 mm 的其他量具再次测量内孔尺寸，对两者结果进行比较，确定其正确性。

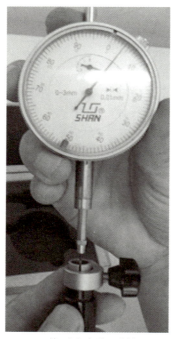  

(a) 将百分表装入量杆 　　　　　　(b) 旋紧旋钮

图 2-67　百分表安装方法 　　　　　　**图 2-68　用内径量表测量孔径**

（4）测量完毕，将内径量表整理好放回盒内。

> **内径量表使用注意事项**
>
> 1. 测量前，应检查测量杆活动的灵活性。即轻轻推动测量杆时，测量杆在套筒内的移动要灵活，没有任何轧卡现象，每次手松开后，指针能回到原来的刻度位置。
>
> 2. 测量时，不要使测量杆的行程超过它的测量范围，不要让表头突然撞到工件上，不要用内径量表测量表面粗糙或有显著凹凸不平的工件。
>
> 3. 在调整及测量工作中，内径量表的测头应与环规及被测孔径垂直，即在径向找最大值，在轴向找最小值。测量槽宽找最小值。具有定心器的内径量表在测量内孔时，只要将仪器按孔的轴线方向来回摆动，其最小值即为孔的直径。

2. 检测报告

仿照附录 2 自己设计检测报告单，将测量数据填入其中，并进行数据处理。

【**活动拓展**】

测量图 2-69 所示右支承件中的内孔直径。

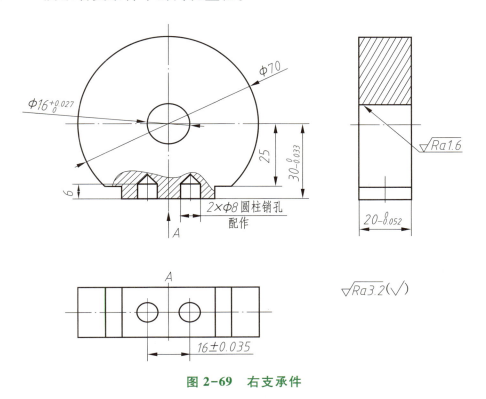

图 2-69　右支承件

【知识拓展】

其他孔径测量、检测工具

1. 内径千分尺

如图 2-70a 所示，其读数方法与外径千分尺相同。内径千分尺主要用于测量大孔径，也可用来测量槽宽和机体两个内端面之间的距离等内尺寸。为适应不同孔径的测量，可以接上接长杆，如图 2-70b 所示。内径千分尺与接长杆是成套供应的，分度值为 0.01 mm。

(a) 内径千分尺单体

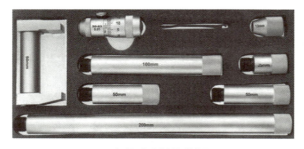

(b) 内径千分尺接长杆

(c) 用内径千分尺测量内径

图 2-70　内径千分尺

连接时，只需将保护帽旋去，将接长杆的右端（具有内螺纹）旋在千分尺的左端即可。接长杆可以一个接一个地连接起来，测量范围最大可达到 5000 mm，但 50 mm 以下的尺寸不能测量。选取接长杆，尽可能选取数量最少的接长杆来组成所需的尺寸，以减少累积误差。在连接接长杆时，应按尺寸大小排列，尺寸最大的接长杆应与微分头连接。

内径千分尺上没有测力装置，测量压力的大小完全靠手的感觉。测量时，把它调整到所测量的尺寸后，如图 2-70c 所示，轻轻放入孔内试测其接触的松紧程度是否合适。一端不动，另一端作左、右、前、后摆动，如图 2-71a 所示。左右摆动，必须细心地放在被测孔的直径方向，以点接触，即测量孔径的最大尺寸处（最大读数处），如图 2-71b 所示。要防止如图2-71c、2-71d 所示的错误位置。前后摆动应在测量孔径的最小尺寸处（即最小读数处）。按照这两个要求与孔壁轻轻接触，才能读出直径的正确数值。测量时，用力把内径千分尺压过孔径是错误的。这样做不但使测量面过早磨损，且由于细长的测量杆弯曲变形后，既损伤量具精度，又使测量结果不准确。

内径千分尺的示值误差比较大，在测量精度较高的内径时，应把内径千分尺调整到测量尺寸后，放在由量块组成的相等尺寸上进行校准，或把测量内尺寸时的松紧程度与测量量块组尺寸时的松紧程度进行比较，克服其示值误差较大的缺点。

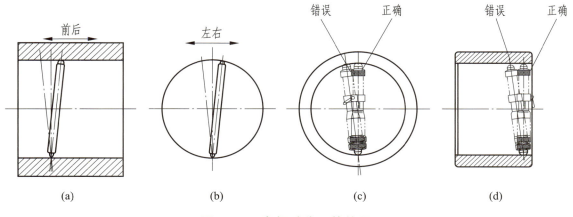

图 2-71 内径千分尺的使用

2. 塞规

如图 2-72 所示，塞规是孔用极限量规，它的通规是根据孔的下极限尺寸确定的，作用是防止孔的实际尺寸小于孔的下极限尺寸；止规是按孔的上极限尺寸设计的，作用是防止孔的实际尺寸大于孔的上极限尺寸。

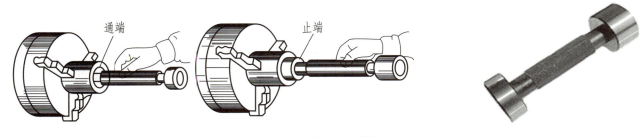

图 2-72 用塞规测量孔径

（1）塞规在使用前的检查

塞规是无刻度的量具，在使用前务必认真进行检查：

① 选用塞规的标记是否与被检验件图样上规定的有关符号、标记（例如尺寸公差）相符。

② 塞规必须是在周期检定期内，而且附有检定合格证或标记，或其他足以证明塞规是合格的档案资料。

③ 塞规的检测面上不应有影响使用的毛刺、划伤、锈蚀等缺陷。

④ 工件的被检表面上也不得有影响检验的毛刺、划伤、锈蚀等缺陷。

（2）塞规的使用方法

① 在检验时，允许在量规的测量面上涂一层薄薄的黏度低的油。

② 用塞规检验产品时，判定产品是否合格的原则是："'通'规应该通过、'止'规应该止住"即认为合格，否则不合格。

③ 在正确操作的前提下，对于被检部位的任意方向通规均能进入工件，并能通过工件；反之，在正确操作的前提下，对于被检部位的任意方向止规不能进入工件，也不能通过工件，即认为产品合格。

④ 应在被检部位的不同位置、不同方向上进行检验。

（3）塞规测量时的注意事项

① 把塞规送进孔时不要倾斜，而应顺着孔的轴线插入，否则容易发生测量误差，也有可能把塞规卡住；拔塞规时，也不要歪斜往外拉。

② 塞规在孔内不许随便转动，免得塞规受到不必要的磨损。

③ 要用塞规通端的全部测量范围（全长）进行测量，不允许只用前端部位测量，因为这样长期使用会造成不均匀的磨损。又因孔可能有锥度、椭圆等现象，如果只用塞规的前端部，就不能检查出孔全长的误差。若使用塞规的磨损端部测量，必然使测量结果不准确。

④ 一般不允许用塞规检查刚加工完的孔，因为热胀冷缩的原因，有可能把塞规咬在孔内，难以拔出。如果塞规被孔"咬住"拔不出来时，不要用普通的锤子敲打、撞、摔、拧等，而应该用木榔头、铜或铅榔头，或用钳工拆卸工具——拉拔器或推进器，并用铜片或木片垫在塞规的端面，然后用力拔出或推出。必要时可将被测工件稍加热后，再把塞规拔出来。

⑤ 如果被测孔是不通孔，那么在设计制造塞规时，要在塞规的旁边开一条槽，使孔内的空气能够排泄出来，否则在测量时塞规不易插进孔内。

（4）塞规的保养方法

① 不要把塞规放在机床的刀架或滑动导轨上，以免轧伤和撞坏量规。

② 要定期对塞规的外观和尺寸进行检定，以保证塞规的精度。

【活动评价】

根据本次活动的学习情况，认真填写附录 3 所示活动评价表。

【想想练练】

1. 用内径量表测量孔径时如何得到孔的实际直径？若内径百分表校正尺寸为 $\phi 30$ mm，测量时长指针顺时针方向偏转 12 格，指向标有 88 的刻度线，则孔的实际直径值为多少？

2. 为什么光滑极限量规一般都成对使用？

任务五　角度、锥度的测量

【工作情境】

锥度是各种机械零件的常见结构，如车床、铣床上夹持刀具的莫氏锥孔，改变机械运动方向的锥齿轮，模具制作中广泛使用的圆锥销等，因此，锥度尺寸是否符合要求影响到刀具夹持的可靠性、机械运动的稳定性、机械零件连接的牢固性等问题，在实际加工过程中，必须加强检测、控制尺寸精度。

【相关知识】

1. 零件图上锥度、角度尺寸的识读
2. 使用万能角度尺、正弦规测量锥度的方法
3. 锥度测量数据的收集与处理
4. 锥度尺寸合格性的判断
5. 角度样板、锥度量规、万能角度尺、正弦规的使用

活动一　用角度样板检测角度

刃磨和安装螺纹车刀时，检测车刀角度及对刀。

【活动分析】

用角度样板（图 2-73）来检测螺纹车刀的角度和对刀。

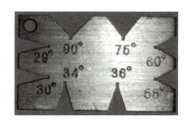

图 2-73　角度样板

> 角度样板在角度和锥度的测量中属于直接检测的工具，常用于检验螺纹车刀、成形刀具及零件上的斜面或倒角等。

【活动实施】

1. 刃磨时检测

刃磨螺纹车刀时，为了保证磨出准确的刀尖角，可用角度样板测量，如图 2-74 所示。

测量时把刀尖角与样板贴合，样板应与车刀底面平行，对准光源用透光法检查，仔细观察两边贴合的间隙，并进行修磨。

2. 对刀时检测

安装螺纹车刀时刀尖对准工件中心，用样板对刀，以保证刀尖角的角平分线与工件的轴线相垂直，车出的牙型角才不会偏斜，如图 2-75 所示。

图 2-74　测量螺纹车刀角度

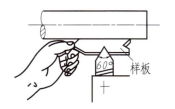

图 2-75　用样板对刀

【活动评价】

根据本次活动的学习情况，认真填写附录 3 所示的活动评价表。

活动二　用万能角度尺测量角度

测量学生用三角尺的角度。

【活动分析】

用万能角度尺来测量学生用三角尺的角度。

万能角度尺是一种结构简单的通用角度量具，用来测量精密零件内外角度或进行角度划线。其读数原理为游标读数原理。其结构如图 2-76 所示，由主尺、游标尺、基尺、锁紧头、角尺和直尺组成。利用基尺、角尺、直尺的不同组合，可进行 0°～320° 范围内角度的测量。如图 2-77 所示，图 2-77a 组合可以测量 0°～50° 角度，图 2-77b 组合可以测量 50°～140° 角度，图 2-77c 组合可以测量 140°～230° 角度，图 2-77d 组合可以测量 230°～320° 角度。

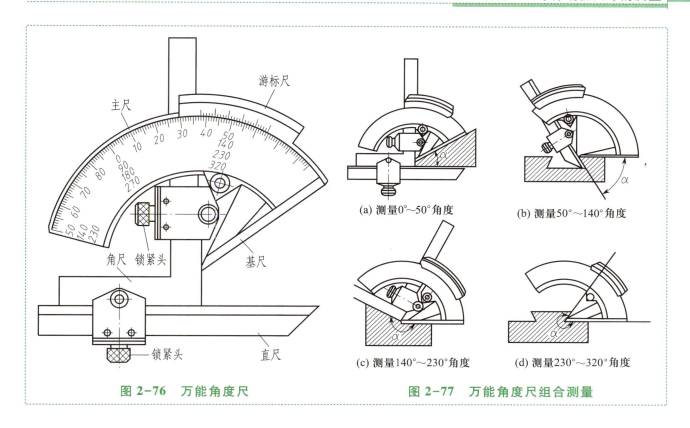

图 2-76　万能角度尺

(a) 测量0°~50°角度

(b) 测量50°~140°角度

(c) 测量140°~230°角度

(d) 测量230°~320°角度

图 2-77　万能角度尺组合测量

【活动实施】

1. 测量步骤

（1）清洁万能角度尺和工件。

（2）检查、校对万能角度尺。

（3）根据被测角度的大小，按图 2-77 所示的组合方式调整好万能角度尺，如图 2-78 所示。

（4）松开万能角度尺锁紧装置，使其两测量边与被测零件的角度边贴紧，目测无可见光隙透过，如图 2-79 所示，锁紧后读数。

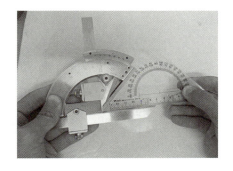

图 2-78　调整万能角度尺

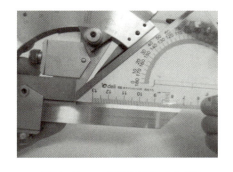

图 2-79　目测无可见光隙

（5）测量完毕后，应用汽油把万能角度尺洗净，用干净纱布仔细擦干，涂以防锈油，然后放回盒内。

2. 检测报告

仿照附录2自己设计检测报告单，将测量数据填入其中，并进行数据处理。

【活动评价】

根据本次活动的学习情况，认真填写附录3所示的活动评价表。

活动三　用锥度量规检测零件锥度

检测图2-80所示左旋合件锥度。

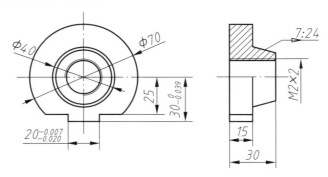

图 2-80　左旋合件

【活动分析】

本次活动要求检测项目为 7∶24 的锥度，即最大直径 $\phi40$，圆锥长度 15，锥度 7∶24。采用 7∶24 的锥度量规检测零件锥度。

1. 圆锥的有关术语和定义如下（图2-81）：

（1）圆锥角 α：通过圆锥轴线的截面内（轴截面）两素线的夹角。

（2）圆锥直径：①最大圆锥直径 D；②最小圆锥直径 d。

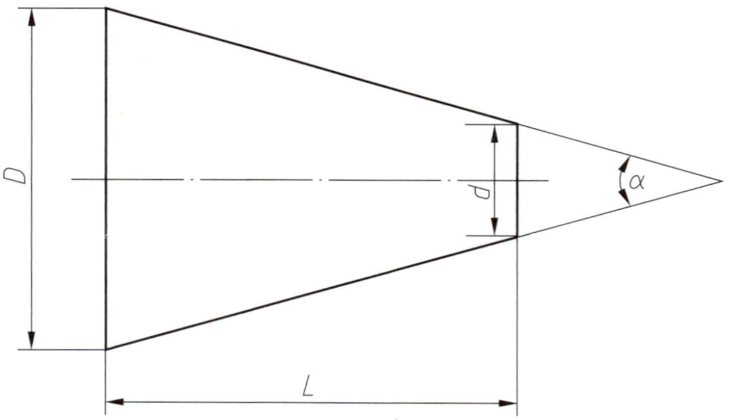

图 2-81　圆锥

（3）圆锥长度 L：最大直径的截面到最小直径截面的距离。

（4）锥度 C：两个截面的直径差与长度之比；$C=(D-d)/L$；以分数的形式书写，如
1：10 或 1/10。

$$\tan\frac{\alpha}{2}=\frac{D-d}{2L}=\frac{C}{2}$$

2. 锥度量规

如图 2-82 所示，锥度量规是主要用于检测锥体工件综
合误差的定性量具，即可以检测工件锥度的正确性，又可以
检测工件的大、小端直径及锥度长度尺寸是否符合要求。锥
度量规是具有标准锥角的圆锥体，锥体上作出缺口（或刻出
控制线）。

图 2-82　锥度量规

【活动实施】

1. 清洁、检查锥度量规和工件
2. 涂色法检测锥度

先在圆锥体或锥度套规的内表面，顺着母线，用显示剂均匀地涂上三条线（在圆周
方向均匀分布），然后再把套规在圆锥体上转动几次，转动角度不大于 1/3 周，拿出套
规，观察显示剂的擦去情况，以此来判断工件锥度的正确性。接触面积越多，锥度越
好，反之则不好，一般用标准量规检验锥度接触面要在 75% 以上，而且靠近大端，涂
色法只能用于精加工表面的检验。量规用毕，应用酒精棉将显示剂擦去，涂上防锈油，放
入盒中保存。

工件锥度合格判定

看接触着色：如果擦去均匀，表明被测工件锥角正确；用锥度塞规检测锥孔时，如果
小端擦去，大端没有擦去，说明锥角大了，反之，说明锥角小了。（此处是指检测内锥，
如果是检测外锥，则相反。）

看刻线：工件圆锥端面位于量规基准端面上的间距为 m 的两刻线之间为合格，如
图 2-83 所示。

只有工件锥角正确，锥孔（或锥体）的大端（或小端）直径符合公差要求，才可以认为
被测工件锥度合格。

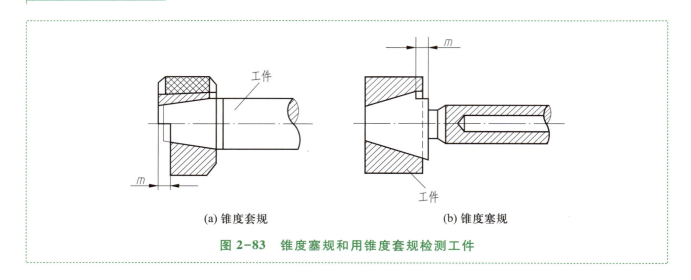

(a) 锥度套规   (b) 锥度塞规

图 2-83　锥度塞规和用锥度套规检测工件

【活动拓展】

检测图 2-84 所示左支承件锥度是否合格。

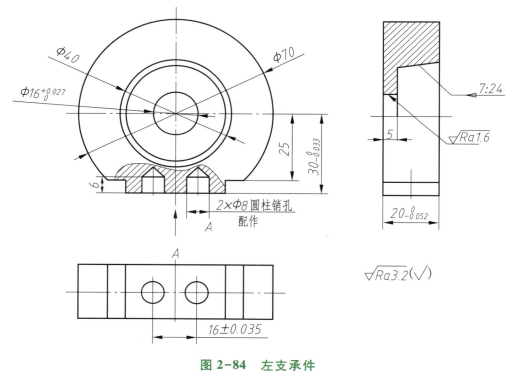

图 2-84　左支承件

【活动评价】

根据本次活动的学习情况，认真填写附录 3 所示的活动评价表。

活动四　用正弦规测量锥度

用正弦规测量锥度塞规。

【活动分析】

正弦规是以间接法测量角度的常用量具之一，用于准确检验零件及量规角度和锥度。它是利用三角函数的正弦关系来度量的，故称正弦规、正弦尺或正弦台，如图 2-85 所示。

本次活动使用正弦规来测量锥度塞规，如图 2-86 所示。

图 2-85　正弦规

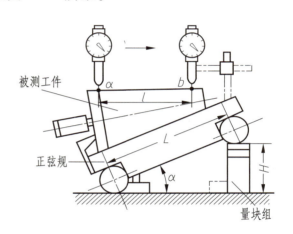

图 2-86　用正弦规测量锥度塞规

【活动实施】

1. 测量步骤

（1）清洁、检查锥度塞规和正弦规、量块、百分表等。

（2）根据被测圆锥塞规圆锥角 α，按公式 $H = L \times \sin \alpha$ 计算垫块的高度 H，选择合适的量块组合好作为垫块。

（3）将组合好的量块组按图 2-86 所示放在正弦规一端的圆柱下面，然后将被测塞规稳放在正弦规的工作台上。

（4）用带表架的百分表测量 a、b 两点（距离不小于 2 mm），测量时，应找到被测圆锥素线的最高点，记下读数。

注：测量时可将 a 或 b 读数调为零，再测 b 或 a 的读数。

（5）按上述步骤，将被测塞规转过一定角度，在 a、b 点分别测量三次，取平均值后计算 a、b 两点的高度差 A。然后测量 a、b 之间的距离 l，并记录数值。

测量时需要与量块、百分表等配合使用，原理如图 2-86、图 2-87 所示。L 为正弦尺两圆柱的中心距。测量时，根据被测工件的公称锥角 α 组合量块，量块高度 $H = L \times \sin \alpha$。

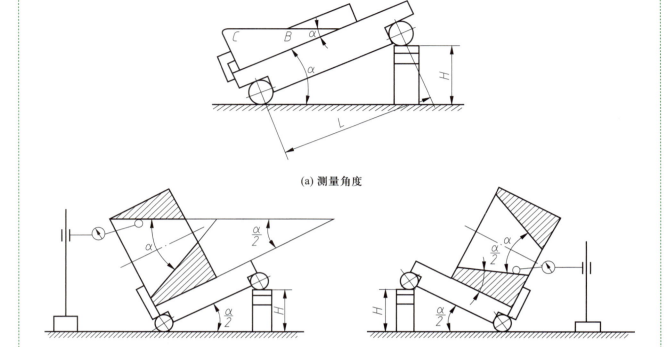

(a) 测量角度

(b) 测量内锥度

图 2-87　用正弦规测量角度、锥度

根据计算的 H 值组合量块，垫在正弦规圆柱的下方，此时正弦规的工作面和垫块底面的夹角为 α。然后将被测圆锥塞规放在正弦规的工作面上，如果被测圆锥角等于公称圆锥角，则指示表在 a、b 两点的示值相同。反之 a、b 两点的示值有一差值 A。当 α′ > α 时，$a - b = +A$，若 α′ < α 时，$a - b = -A$（α′ 为塞规实际圆锥角），l 为 a、b 两点间距离。

$$\tan \Delta \alpha = \frac{A}{l}$$

2. 检测报告

仿照附录 2 自己设计检测报告单，将测量数据填入其中，并进行数据处理。

【知识拓展】

其他角度量具

1. 90°角尺

90°角尺（图 2-88）是常用的直角测量工具，分为宽座角尺和刀口形角尺等。刀口形角尺是一种高准确度的角度计量标准器具，主要用于检验直角、垂直度和平行度误差，如仪器、机床等纵横向导轨的垂直误差、平行度误差等，是检验和画线工作中常用的量具。

使用时需注意：

（1）使用前，应检查90°角尺各工作面和边缘是否被碰伤。将工作面和被测表面擦洗干净。

（2）测量时，应注意90°角尺安放位置，不要歪斜。观察角尺工作面与工件贴合间隙的透光情况，当看不见透光时，间隙小于0.5 μm；当看见白光时，间隙大于3 μm；当看见蓝光时，间隙大于0.5 μm而小于3 μm。也可以用塞尺检测角尺工作面与工件的贴合情况。

（3）使用和存放时，应注意防止角尺工作边弯曲变形。

2. 角度量块

角度量块是在两个具有研合性的平面间形成准确角度的量规，如图2-89所示。利用角度量块附件把不同角度的量块研合组成需要的角度，常用于检定角度样板和万能角度尺等，也可用于直接测量精密模具零件的角度。

图 2-88　90°角尺

图 2-89　角度量块

【活动评价】

根据本次活动的学习情况，认真填写附录3所示的活动评价表。

【想想练练】

1. 某零件的锥角 $\alpha = 30° + 2'$，在中心距 $C = 100\,\text{mm}$ 的正弦规上测量。求：

（1）应垫量块组高度 H。

（2）若从百分表读出锥体素线 $l = 60\,\text{mm}$，长度两端数值 $M_a = 5\,\mu\text{m}$，$M_b = -10\,\mu\text{m}$，求零件的实际锥角。

2. 假设某万能铣床主轴圆锥孔与铣刀杆圆锥柄配合的参数为 $C = 7:24$，配合长度 $H = 100\,\text{mm}$，圆锥最大直径 $D_i = D_e = 69.85\,\text{mm}$。铣刀杆安装后，位于大端的基面距允许在 $\pm 0.4\,\text{mm}$ 范围内变动。试确定圆锥孔和圆锥柄的公差（设内、外圆锥公差带对称分布）。

项目三 零件几何误差的测量

 学习目标

1. 能正确识读几何公差并理解几何公差的含义。
2. 会选择检测几何误差的工具、量具，并正确测量零件的几何误差。
3. 能正确处理零件几何误差的测量数据。
4. 能对零件几何误差测量结果作出正确评估。
5. 会正确使用与保养工具、量具。

任务一 识读几何公差

图 3-1 所示的齿轮坯 1 的几何公差较少、较为简单，而图 3-2 所示的齿轮坯 2 的几何公差较多、较为复杂。

【工作情境】

几何公差与尺寸公差一样，是衡量产品质量的重要技术指标之一。如图 3-1 所示齿轮坯 1，图样中除了对零件的尺寸公差进行标注之外，还对零件要素提出形状、位置等要求，即标注几何公差。

【相关知识】

1. 几何公差与几何误差的概念和区别

2. 零件的几何要素

3. 几何公差项目和符号

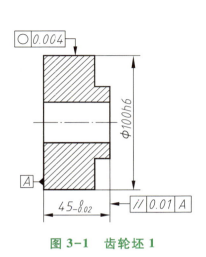

图 3-1　齿轮坯 1

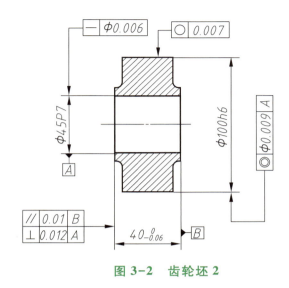

图 3-2　齿轮坯 2

【任务分析】

本次任务为识读：○ 0.004 、// 0.01 A 、A ◀ 。

一、几何公差的基本概念

几何公差：是指被测要素对其理想要素所允许的变动全量。

几何误差：是指被测要素对其理想要素的变动量，分为形状误差、位置误差、方向误差和跳动误差。

如图 3-3 所示的光轴，加工后细双点画线表示的表面形状与理想表面形状产生了形状误差。图 3-4 所示的台阶轴的两轴线不重合，产生了位置误差。

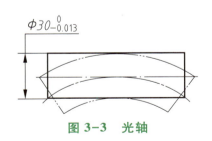

图 3-3　光轴

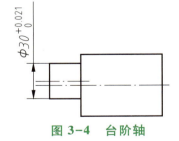

图 3-4　台阶轴

几何误差值小于或等于相应的几何公差值，则认为合格。因此，对一些零件的重要工作面和轴线，常规定其几何误差的最大允许值，即几何公差。

二、零件的几何要素

构成零件几何特征的点、线、面称为要素，是几何公差的研究对象。

被测要素：指图样上给出几何公差要求的要素，即在图样上几何公差带代号指引线箭头所指的要素，是检测的对象。加工中，需要对该要素的几何误差进行检验，并判断其误差是否在公差范围内。如图 3-1 中 $\phi100h6$ 的外圆和 $45_{-0.02}^{0}$ 右端面是被测要素。

被测要素按功能关系又可分为单一要素和关联要素。

仅对要素本身给出了形状公差要求的要素，称为单一要素。如图 3-1 中 $\phi100h6$ 圆柱表面给出的是圆度要求，所以 $\phi100h6$ 圆柱表面是单一要素。

与零件上其他要素有功能关系的要素，称为关联要素。功能关系是指要素与要素之间具有某种确定方向或位置关系(如垂直、平行等)。如图 3-1 中 $45_{-0.02}^{0}$ 右端面对左端面有平行功能要求，因此右端面为被测关联要素。

基准要素：指用来确定被测量要素方向或(和)位置的要素。如图 3-1 中 $45_{-0.02}^{0}$ 左端面就是基准要素。

实际要素：指零件上实际存在的要素。对于具体的零件，国家标准规定实际要素由测量所得到的要素来代替。

公称(理想)要素：指具有几何学意义的要素，即几何的点、线、面，它们不需要任何误差。图样上表示的要素均为公称(理想)要素。

三、几何公差项目和符号

国家标准规定几何公差共有 18 个项目，其中形状公差 6 个项目，跳动公差 2 个项目，方向公差 5 个项目，位置公差 5 个项目。各个公差特征项目的名称和符号见表 3-1。

表 3-1　几何公差的分类、特征项目及符号

公差类型	几何特征	符号	有无基准	公差类型	几何特征	符号	有无基准
形状公差	直线度	—	无	方向公差	平行度	//	有
	平面度	▱	无		垂直度	⊥	有
	圆　度	○	无		倾斜度	∠	有
	圆柱度	⌀	无		线轮廓度	⌒	有
	线轮廓度	⌒	无		面轮廓度	⌓	有
	面轮廓度	⌓	无	位置公差	位置度	⌖	有或无
跳动公差	圆跳动	↗	有		同轴(同心)度	◎	有
					对称度	=	有
	全跳动	⌰	有		线轮廓度	⌒	有
					面轮廓度	⌓	有

【任务实施】

1. 识读形状公差 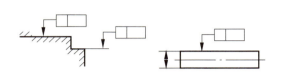，其步骤如下：

（1）读被测要素——$\phi 100h6$ 圆柱表面

被测要素为轮廓线或轮廓面的标注如图 3-5、图 3-6 所示。

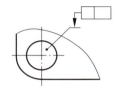

图 3-5　被测要素为轮廓线或轮廓面时的标注　　　图 3-6　被测要素为轮廓面的标注

被测要素为中心线、中心面或中心点的标注如图 3-7 所示。

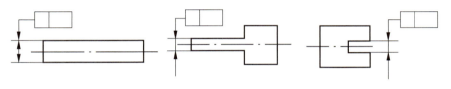

图 3-7　被测要素为中心线、中心面或中心点时的标注

（2）读形状公差项目——圆度

（3）读形状公差数值——0.004 mm

表示 $\phi 100h6$ 圆柱表面的圆度为 0.004 mm。

2. 识读方向公差 $\boxed{// \; 0.01 \; A}$，其步骤如下：

（1）读被测要素——$45_{-0.02}^{0}$ 右端面

（2）读位置公差项目——平行度

（3）读位置公差数值——0.01 mm

（4）读基准要素——左端面

表示 $45_{-0.02}^{0}$ 右端面对左端面的平行度要求为 0.01 mm。

基准要素为轮廓线或轮廓面时的标注如图 3-8、图 3-9 所示。

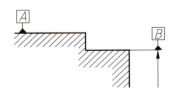

图 3-8　基准要素为轮廓线或面时的标注　　　图 3-9　基准要素为轮廓面时的标注

基准要素为中心线、中心面或中心点的标注如图 3-10 所示。

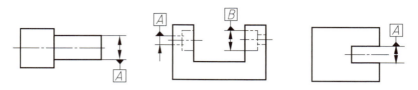

图 3-10　基准要素为中心线、中心面或中心点时的标注

3. 识读 $\boxed{A}$ ◀

表示以 $45^{0}_{-0.02}$ 的左端面作为基准。

一、基准符号

基准要素用基准符号或基准目标表示。基准符号如图 3-11 所示，涂黑和空白的三角形含义相同。

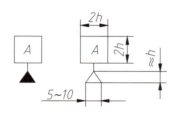

图 3-11　基准符号

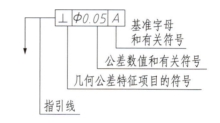

图 3-12　几何公差代号

二、几何公差代号

几何公差代号包括几何公差特征项目符号、几何公差框格和指引线、几何公差值、表示基准的字母和其他有关符号，如图 3-12 所示。

识读几何公差时应注意以下几个方面：

（1）限定被测要素或基准要素的范围（图 3-13）。

（2）公差值的限定性规定（表 3-2）。

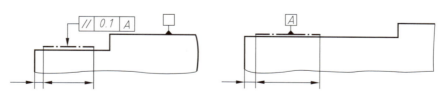

(a) 仅对要素的某一部分给定几何公差要求　　(b) 以要素的某一部分作基准

图 3-13　限定被测要素或基准要素的范围

表 3-2　公差值的限定性规定

种　类	含　义
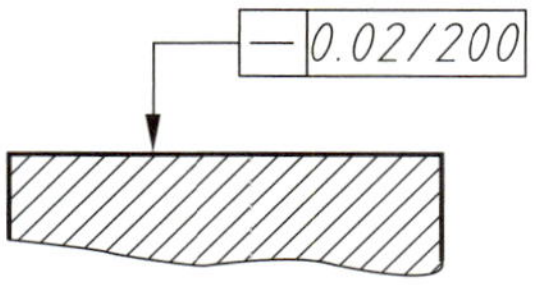	表示的是在任意 200 mm 长度上，直线度公差为 0.02 mm
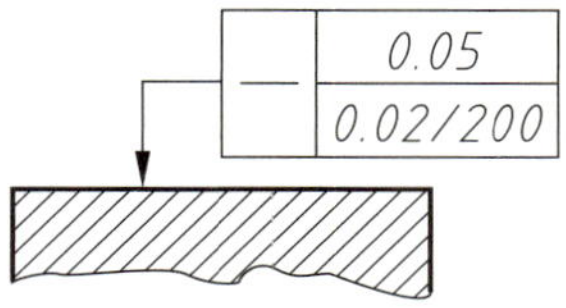	表示被测要素全长的直线度公差为 0.05 mm，在任意 200 mm 长度内直线度公差为 0.02 mm
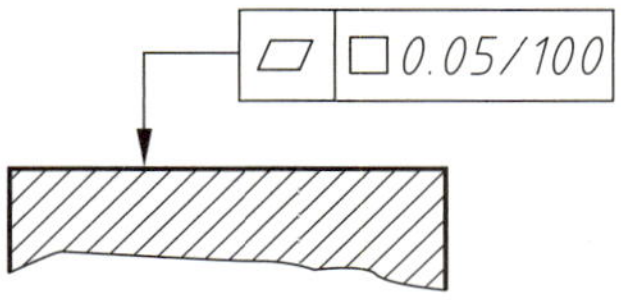	表示在被测要素上任意 100 mm×100 mm 正方形面积上，平面度公差为 0.05 mm

（3）几何公差的附加要求（表 3-3）

表 3-3　几何公差的附加要求

举　例	含　义	符　号
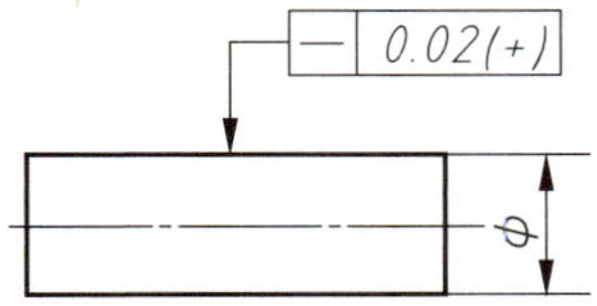	只许中间向材料外凸起	（+）
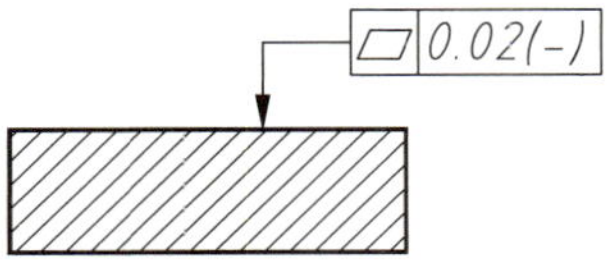	只许中间向材料内凹下	（−）
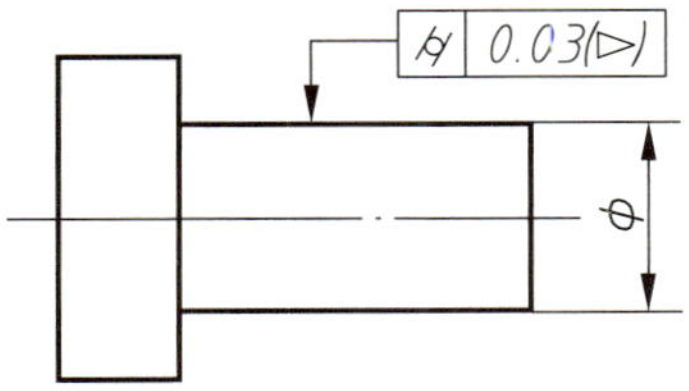	只许从左至右减小	（▷）
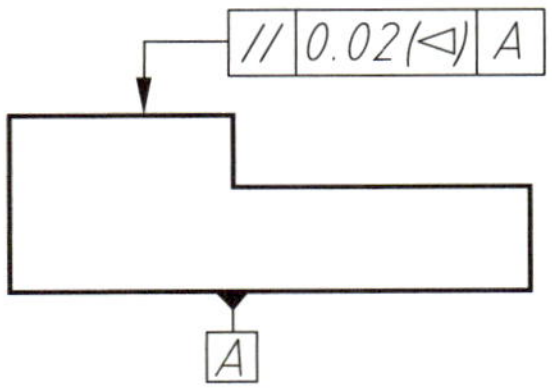	只许从右至左减小	（◁）

（4）具有相同几何特征和公差值的若干分离要素，可用一个公差框格，如图 3-14 所示；若干个分离要素给出单一公差带时，可在公差框格内公差值的后面加注公共公差带的符号 CZ，如图 3-15 所示。

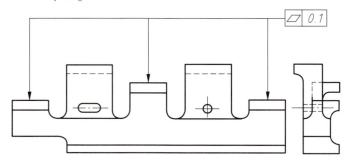

图 3-14　一个公差框格可以用于具有相同几何特征和公差值的若干分离要素

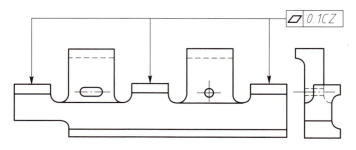

图 3-15　若干个分离要素给出单一公差带

【想想练练】

1. 识读图 3-16 所示齿轮的各个几何公差代号的含义。

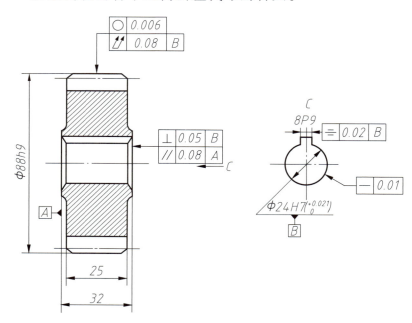

图 3-16　齿轮

2. 识读图 3-17 所示曲轴的各个几何公差代号的含义。

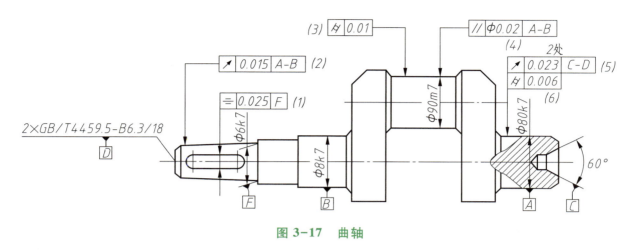

图 3-17　曲轴

3. 试将下列技术要求标注在图 3-18 上。

（1）圆锥面 A 的圆度公差为 0.008 mm、圆锥面素线的直线度公差为 0.005 mm，圆锥面 A 的中心线对 ϕd 轴线的同轴度公差为 ϕ0.015 mm；

（2）ϕd 中心线的直线度公差为 ϕ0.012 mm；

（3）右端面 B 对 ϕd 轴线的圆跳动公差为 0.01 mm。

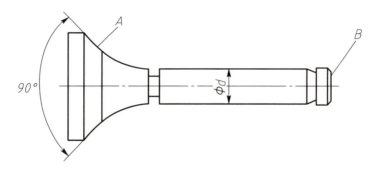

图 3-18　几何公差标注

任务二　测量直线度误差

【工作情境】

在生产加工过程中，机械零件不仅会有尺寸误差，而且还会产生形状、位置等几何误差。图 3-19 所示为一精密台虎钳，图中理想形状的轴与孔过渡配合。轴加工后的尺寸误差与表面粗糙度都合格，但有时由于加工后产生了弯曲，会导致轴装不进孔中，这就涉及直线度误差问题。

图 3-19 精密台虎钳

【相关知识】

1. 直线度的含义、符号及应用范围
2. 百分表的工作原理与操作方法
3. 直线度误差的测量原理与方法
4. 测量结果的数据处理
5. 测量仪器的保养

活动一　用打表法测量直线度误差

测量如图 3-20 所示圆柱销(销 GB/T 119.2　$\phi8\times16$)外表面的直线度误差。

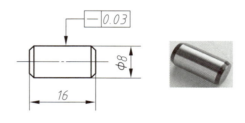

图 3-20　圆柱销

【活动分析】

1. 测量任务解读

要求测量 $\phi8$ 圆柱销外表面的直线度误差。

此公差类型属于在给定平面内的直线度。给定平面内直线度的公差带是距离为公差值 t 的两平行直线之间的区域，如图 3-21 所示。

因此，图 3-20 标注的意义是：$\phi8$ 圆柱销表面上的任一素线必须位于距离为公差值 0.03 mm 的两平行直线之内。

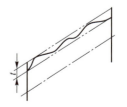

图 3-21　给定平面内
直线度的公差带

直线度是限制被测实际直线对理想直线变动量的一项指标。被限制的直线有平面内的直线、直线回转体(圆柱和圆锥)上的素线、平面与平面的交线(形成空间直线)和轴线等。

根据零件的功能要求,可分别给出在给定平面内(图3-22a)、给定方向上(图3-22b)和任意方向上(图3-22c)的直线度要求三种类型。

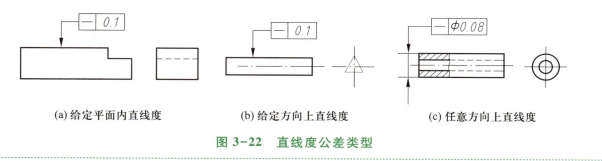

(a)给定平面内直线度　　　(b)给定方向上直线度　　　(c)任意方向上直线度

图3-22　直线度公差类型

2. 测量方案确定

选用打表法进行测量。打表法即将被测零件、表架、百分表等,以一定方式支承在工作台上,测量时使百分表与被测工件产生相对移动,读出数值,从而进行误差测量。

几何误差的测量一般包括以下三个步骤:

(1)根据误差项目和测量条件确定测量方案,然后根据方案选择测量器具,并确定测量基准。

(2)进行测量,得到被测实际要素的有关数据。

(3)进行数据处理,得到几何误差数值。

【活动实施】

1. 测量器具准备

百分表、表座、表架、偏摆仪、被测件、全棉布数块、防锈油等。

2. 测量步骤

(1)清洁零件测量表面、工作台及百分表触头等。

(2)将工件和测量仪器按图3-23a、b所示安装在偏摆仪上。

(3)调整百分表,使其测头垂直压在被测表面,并有半圈以上压缩量。

(4)如图3-23c所示,沿被测件上 A 点所在的素线方向移动表架。

(5)记录百分表最大与最小读数。

(6)然后把被测工件转过90°,重复上述步骤进行打表测量,共测量四次(A 、B 、A' 、B' 所在素线)。

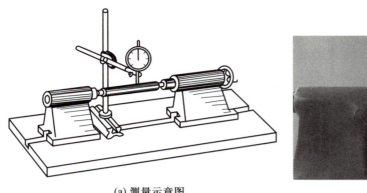

(a) 测量示意图   (b) 实测图   (c) 测量位置

图 3-23   打表法测量工件表面直线度误差

注意事项：

（1）百分表等表类量具装在表架或专用夹具上时，夹紧力不能过大，否则易使表夹外套变形，影响测杆的灵活性。

（2）表头必须垂直于被测表面。

（3）用百分表等表类量具测量工件时，一般要预紧（即给触头以一定的压下量），但预紧太多，会使测量工件时工作行程太小。

（4）测量前，应轻轻拉动手提测量杆的圆头，拉起和轻放几次，检查指针所指的零位有无改变。当指针稳定后，才可进行测量。

（5）表类量具不用于测量过于粗糙的表面，以减少仪表测头的磨损。

（6）表类量具移动测杆不能加油，以免油污进入表内，影响传动机构和测杆移动的灵敏度和示值稳定性。

3. 数据处理

以百分表最大与最小读数之差作为该素线的直线度误差，并以各素线直线度误差中的最大值作为该圆柱面素线的直线度误差。

4. 检测报告

按步骤完成测量并将被测件的相关信息及测量结果填入检测报告单（表3-4）。

表 3-4   直线度误差检测报告单（打表法）

仪器读数	A	B	A'	B'
M_{imax}				
M_{imin}				
$\Delta_i = M_{imax} - M_{imin}$				
直线度误差 $\Delta = \Delta_{imax} =$			判断合格性：	

【活动拓展】

检测如图 3-24 所示轴套轮廓表面的直线度误差是否在直线度公差范围内。

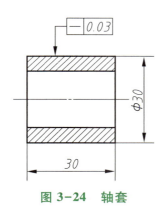

图 3-24 轴套

在检测过程中，关键是要解决零件的支承问题，常用办法是用心轴来模拟基准轴线，如图 3-25 所示。

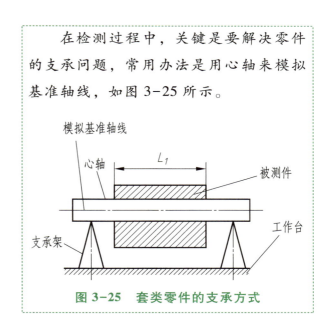

图 3-25 套类零件的支承方式

【活动评价】

根据本次活动的学习情况，认真填写附录 3 所示的活动评价表。

活动二 用水平仪测量直线度误差

用分度值为 0.02 mm/1000 mm 的水平仪测量机床导轨（长度为 1600 mm）的纵向直线度误差（图 3-26）。

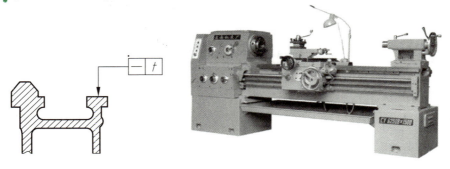

图 3-26 机床导轨的直线度要求

【活动分析】

1. 测量项目解读

图 3-26 所示的车床导轨中，右侧的平导轨只给出给定平面内的直线度公差，即可满足功能要求。通常对导轨的直线度误差表示方法有两种：即导轨在 1 m 长度内的直线度误差和

导轨在全长范围内的直线度误差。一般机床导轨的直线度误差要求为 0.015 mm/1000 mm～0.02 mm/1000 mm 范围内。

2. 测量方案确定

机床导轨长、体积大，而水平仪可以测量大型设备中表面较长的零件的直线度误差，例如，长导轨的工作面、大平板直线度（或平面度）以及两导轨平面在垂直方向的平行度（扭曲）的测量，并适用于车间，因此采用水平仪测量，如图 3-27a 所示。

水平仪是一种测量偏离水平面的微小角度变化量的常用量仪，它的主要工作部分是水准器。水准器是一个封闭的玻璃管，内表面的纵剖面具有一定的曲率半径 R，管内装有乙醚或酒精，并留有一定的气泡。由于地心引力作用，玻璃管内的液面总是保持水平，即气泡总是在圆弧形玻璃管的最上方。当水准器下平面处于水平时，气泡处于玻璃管外壁刻度的正中间；若水准器倾斜一个角度 α，则气泡就要偏离最高点，移过的格数 L 与倾斜的角度 α 成正比，如图 3-27b 所示。由此，可根据气泡偏离中间位置的程度来确定水准器下平面偏离水平面的角度。

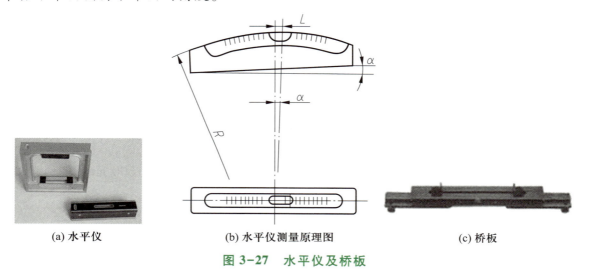

(a) 水平仪　　　　　(b) 水平仪测量原理图　　　　　(c) 桥板

图 3-27　水平仪及桥板

为了保护水平仪精度，避免基面磨损，可将水平仪放在桥板上进行测量。如图 3-27c 所示，桥板能起到变更测量节距、进行合理分段、保证节点接触、提高检测精度等作用。

【活动实施】

1. 测量器具准备

水平仪、桥板等。

2. 测量步骤

（1）按被测件长度和桥板跨距在机床导轨上建立测量点（图 3-28）。具体方法是量出零件被测表面总长，将总长分为若干等分段（一般为 6~12 段），确定每一段的长度（跨距）L，并按 L 调整可调桥板两圆柱的中心距。例如，用 200 mm 的桥板可将 1600 mm 的导轨分成 8 段，然后列出每次测量桥板的位置。

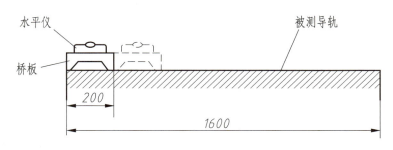

图 3-28　水平仪测量直线度误差示例

（2）将水平仪放于桥板上，然后将桥板从首点依次放在各等分点位置上进行测量。到终点后，自终点再进行一次回测，回测时桥板不能调头，同一测点两次读数的平均值为该点的测量数据。如某测点两次读数相差较大，说明测量情况不正常，应查明原因并加以消除后重测。

测量时要注意每次移动桥板都要将后支点放在原来前支点处（桥板首尾衔接），测量过程中不允许移动水平仪与桥板之间的相对位置。

（3）记录每一测量段位置气泡的移动格数，算出各点对零点的累积高度差（表 3-5）。

表 3-5　直线度误差测量数据

测点序号	0	1	2	3	4	5	6	7	8
水平仪读数/格	0	+1	+1	+2	0	−1	−1	0	−0.5
累加值/格	0	+1	+2	+4	+4	+3	+2	+2	+1.5

（4）根据测得的读数依次作出误差曲线图，如图 3-29 所示。以测量基准线为横坐标（每两格表示水平仪的每段测量长度），以各点累积高度差为纵坐标，将测得的每段读数按坐标值绘出，连接后可得图中所示曲线，此曲线即为导轨的直线度误差曲线。

（5）把测得的值依次填入实验报告中，并用两端点连线法进行数据处理，求出被测表面的直线度误差。

如果机床还没有安装好或正在进行调试，则首先应将被测导轨放在可调的支承垫块上，置水平仪于导轨的中间或两端位置，初步找正导轨的水平位置，以便检查时水平仪的气泡位置都能保持在刻线范围内。

3. 数据处理

采用两端点连线法处理数据。

（1）根据各测点的相对高度差，在坐标纸上描点。作图时不要漏掉首点（零点），且后一点的坐标位置是在前一点坐标位置的基础上累加的。用直线依次连接各点，得出误差折线。

（2）作曲线的首尾连线 I—I，并经曲线的最高点作 I—I 的平行线，两平行线之间垂直于水平坐标轴方向的距离，即为导轨的直线度误差数。由图 3-29 可知，此时的最大误差为 3.5 格。

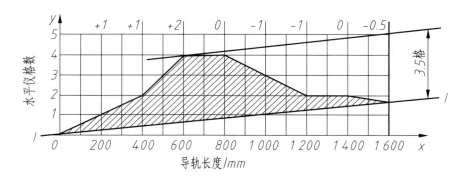

图 3-29　两端点连线法求直线度误差

（3）换算成标准的误差值 Δ，即

$$\Delta = iLn$$

式中，Δ——直线度误差值，mm；

　　i——水平仪的分度值，0.02 mm/1000 mm；

　　L——每段测量长度，mm；

　　n——误差曲线中的最大误差格数。

根据本例所测数值，可计算出：

$$\Delta = iLn = 0.02\ \text{mm}/1000\ \text{mm} \times 200\ \text{mm} \times 3.5 = 0.014\ \text{mm}$$

4. 检测报告

按步骤完成测量并将被测件的相关信息及测量结果填入检测报告单（表 3-6）。

表 3-6　直线度误差检测报告单（水平仪法）

测点序号		0	1	2	3	4	5	6	7	8
仪器读数（格）	顺测									
	回测									
	平均									
累积读数（格）										

误差曲线图

数据处理结果	$\Delta = iLn = $　　　　mm	结论	

【活动拓展】

测量三棱尺的直线度误差(图 3-30)。

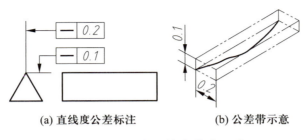

(a) 直线度公差标注　　　　(b) 公差带示意

图 3-30　三棱尺的直线度要求

图 3-30a 所示为三棱尺的棱线，除给定在垂直方向的直线度公差外，还给出了水平方向的直线度公差。由于直线度公差给定的是两个互相垂直的方向上，因此直线度公差带是正截面尺寸为公差值 $t_1 \times t_2$ 的四棱柱内的区域。如图 3-30b 所示，其含义为三棱尺的棱线必须位于水平方向距离为公差值 0.2 mm，垂直方向距离为公差值 0.1 mm 的四棱柱内。

有些回转体零件轴线的形状精度要求高，被测轴线在围绕其一周范围内的任何方向都有直线度要求，如图 3-31a 所示，称为任意方向上的直线度。

任意方向上直线度的公差带是直径为公差值 t 的圆柱面内的区域，如图 3-31b 所示。

由于任意方向上的直线度的公差值是圆柱面公差带的直径，因此标注时必须在公差值 t 前加注表示直径的符号"ϕ"。由于轴线是被测中心要素，因而指引线的箭头应与圆柱的直径尺寸线对齐。

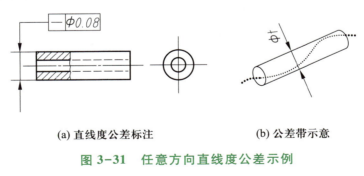

(a) 直线度公差标注　　　　(b) 公差带示意

图 3-31　任意方向直线度公差示例

【活动评价】

根据本次活动的学习情况，认真填写附录 3 所示活动评价表。

1. 简要叙述几何误差测量的步骤。

2. 根据图 3-31a 所示，设计出一个能测出直线度误差的方案。

3. 测量导轨直线度误差是否需要调整导轨平直？如果需要调整，调整到什么程度？

任务三　圆度误差、圆柱度误差的测量

【工作情境】

自行车是日常生活中比较常用的交通工具（图 3-32），假若自行车的车轮制成图 3-33 所示的正三棱的棱圆形状，自行车是否还能正常行驶？

图 3-32　自行车

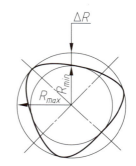

图 3-33　棱圆形状车轮示意图

图 3-33 所示的轮子的直径虽然处处相等，但圆周各点到中心的距离（半径）却并不相等，所以轮子不圆，也就无法正常行驶。那么在生产中如何控制零件圆不圆呢？

圆度是控制圆柱面、圆锥面的截面和球面零件任意截面圆的程度的指标，圆柱度是控制圆柱面的圆度、素线直线度、轴线直线度等圆柱面的横截面和纵截面的综合误差的指标。

圆度误差的近似测量方法有两点法和三点法，为生产中常用的方法，操作也很简便。

【相关知识】

1. 识读圆度、圆柱度符号

2. 测量圆度误差、圆柱度误差

3. 选择测量工、量具及其保养

4. 对测量结果进行数据处理并评定零件的圆度或圆柱度是否合格

活动一 用两点法测量圆度误差

测量图 3-34 所示阶梯轴零件 $\phi 40_{-0.025}^{0}$ 处的圆度误差并判断其是否合格。

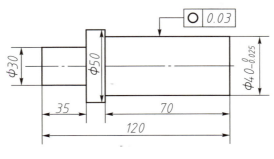

图 3-34 阶梯轴

【活动分析】

1. 测量任务解读

本次任务为测量 ⊙ 0.03 圆度误差。圆度是指圆柱体任一正截面上的圆和过球心的圆加工后实际形状不圆的程度，如轴加工后不圆的程度等。

圆度公差是限制实际圆对其理想圆变动量的一项指标，用于对回转面在任一正截面上的圆轮廓提出形状精度的要求。例如图 3-35a 所示圆柱表面的圆度公差为 0.03 mm，它是在同一正截面上，半径差为公差值 0.03 mm 的两共面同心圆之间的区域，如图 3-35b 所示。

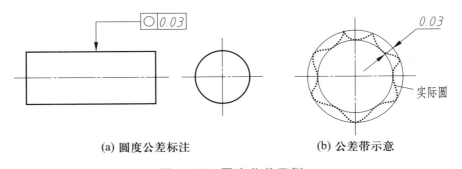

(a) 圆度公差标注　　　　　　　(b) 公差带示意

图 3-35 圆度公差示例

2. 测量方案确定

采用两点法（直径测量法），即在零件的同一横截面上按多个方向测量直径的变化情况，取各个方向测得值中的直径最大差值的一半，作为该截面圆的圆度误差。所谓两点，是指实际圆上各点（一点）对固定点（一点）的变化量，即在同一截面上沿不同方向测量直径的变动量。如图 3-36 所示，常用千分尺测量，以被测某一截面上各直径间最大差值之半作为此截面的圆度误差。

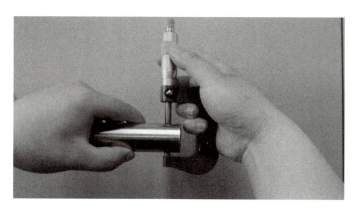

图 3-36　两点法测量圆度误差

两点法只能用来测量被测轮廓为偶数棱的圆度误差。对较高精度的工件，可用比较仪、万能工具显微镜、光学计测量。

圆度公差带的形状是两同心圆，形成环形平面，如图 3-37a 所示，圆锥面要求圆度公差值是 0.02 mm。实际圆上各点应位于如图 3-37b 所示的公差带内。

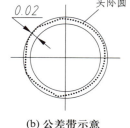

(a) 圆锥面圆度公差标注　　　　(b) 公差带示意

图 3-37　圆锥面圆度公差示例

【活动实施】

1. 测量器具准备

外径千分尺、偏摆仪、被测件、全棉布数块、防锈油等。

2. 测量步骤

（1）将被测轴放在偏摆仪支架上，使被测轴处于水平状态，如图 3-38a 所示。或者把被测轴在车床上以两顶尖的形式装夹。

（2）将外径千分尺测量面放置于工件被测表面并垂直于工件轴心线。

（3）缓慢转动工件，用外径千分尺测量被测轴同一截面轮廓圆周上的八个位置，如图 3-38b 所示，并记录数据的最大值 M_{imax} 与最小值 M_{imin}。

（4）按上述同样方法，分别测量四个不同截面（截面 A—A、B—B、C—C、D—D）并记录数据。

（5）完成检测报告（表 3-7），整理实验器具。

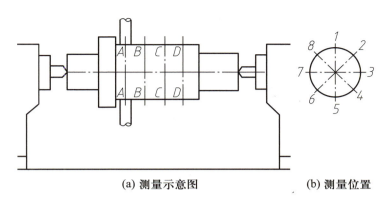

(a) 测量示意图　　　　(b) 测量位置

图 3-38　两点法测量轴类工件表面圆度误差

3. 数据处理

计算出每一个截面上的圆度误差$(M_{imax}-M_{imin})/2$，取四个截面上的圆度误差最大值作为该被测轴的圆度误差。

4. 检测报告

按步骤完成测量并将被测件的相关信息及测量结果填入检测报告单(表 3-7)中。

表 3-7　圆度误差检测报告单(两点法)　　　　　　　　　　　　mm

仪器读数	截面 A—A	截面 B—B	截面 C—C	截面 D—D
1	39.985	40.000	39.990	39.975
2	39.990	39.995	39.980	39.985
3	39.990	39.985	39.975	39.985
4	39.985	39.980	39.975	39.975
5	39.995	39.990	39.995	39.995
6	39.975	39.995	39.975	39.990
7	39.985	39.995	39.985	39.980
8	39.975	39.980	39.980	39.995
$\Delta_i=(M_{max}-M_{min})/2$	0.01	0.01	0.01	0.01
圆度误差 $\Delta=\Delta_{max}=0.01$			判断合格性：合格	

【活动拓展】

测量如图 3-39 所示轴套内孔的圆度误差。

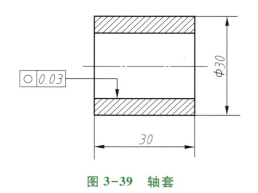

图 3-39 轴套

孔的内部空间比较小，百分表放不进去或测量杆无法垂直于工件被测表面时，因杠杆百分表小巧灵活，使用杠杆百分表就显得十分方便，测量方法如图 3-40 所示。

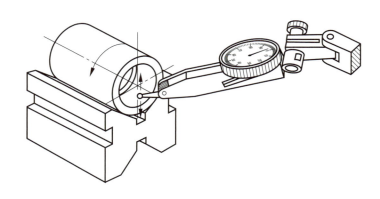

图 3-40 用杠杆百分表测量孔的圆度误差

【活动评价】

根据本次活动的学习情况，认真填写附录 3 所示的活动评价表。

活动二　用三点法测量圆度误差

测量如图 3-41 所示零件的圆度误差。

【活动分析】

1. 测量任务解读

本次测量任务为：$\boxed{\bigcirc\ 0.005}$。

2. 测量方案确定

采用三点法测量。三点是指实际圆上各点（一点）对固定点（两点）的变化量，测量原理如图 3-42 所示。测量时，将工件或专用表架相对转动一周，获得百分表最大与最小读数之差（Δh），按下式确定被测截面轮廓的圆度误差值：$\Delta = \Delta h / K$，式中 K 为换算系数，它与工件棱边数 n 和 V 形块夹角 2α 有关。通常用 $2\alpha = 90°$ 的 V 形块测量时，取 K 值为 2。

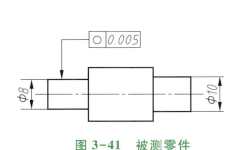

图 3-41　被测零件

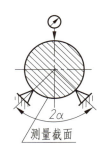

图 3-42　用三点法测量圆度误差的测量原理

【活动实施】

1. 测量器具准备

百分表表座、表架、平台、V 形块、被测件、全棉布数块、防锈油等。

2. 测量步骤

（1）将被测轴放在 $2\alpha = 90°$ 的 V 形块上，如图 3-43 所示。

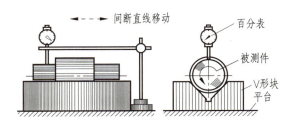

图 3-43　用三点法测量圆度误差的方法

（2）安装好表座、表架和百分表，使百分表测量头垂直于测量面，且使百分表的指针压半圈以上，转动表盘，调节指针归零。

（3）记录被测零件在回转一周过程中测量截面上百分表读数的最大值与最小值，将最大值与最小值之差的一半 $\left(\dfrac{\Delta h}{2}\right)$ 作为该截面的圆度误差。

（4）移动百分表，测量四个不同截面，取截面圆度误差中的最大值作为该零件的圆度误差。

（5）如果最大误差 $\Delta_{max} \leqslant 0.005$ mm，则该零件的圆度误差符合要求，如果 $\Delta_{max} > 0.005$ mm，则该零件的圆度超差。

（6）完成检测报告（表 3-8），整理实验器具。

V 形块用于支承圆柱形工件，使工件轴线与平台平面平行，一般两块为一组，如图 3-44 所示。

注意事项：

1. 百分表指针一定要灵敏、稳定，没有间隙误差。

2. 平台、V 形块、百分表及轴一定要清洁。

3. 测量动作要轻、稳、准，记录要真实。

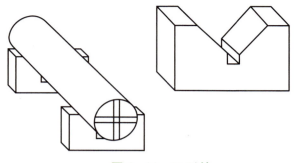

图 3-44 V 形块

3. 数据处理

取测得误差中的最大值作为被测部位的圆度误差。

用 V 形块作为模拟基准来测量，存在一定误差，可以根据测得数据按下列公式进行换算：$\Delta = \Delta h / K$，式中 K 为换算系数，它与工件棱边数 n 和 V 形块夹角 2α 有关，当 n 为偶数时，Δh 的示值变化将减小，甚至接近于零，但事先很难弄清棱边数 n，故 K 值亦很难确定。因此通常用 $2\alpha = 90°$ 的 V 形块测量时，取 K 值为 2，或者以不同夹角的 V 形块测量，以 Δh 的最大值确定其圆度误差。

4. 检测报告

按步骤完成测量并将被测件的相关信息及测量结果填入测量报告单（表 3-8）中。

表 3-8 圆度误差检测报告单（三点法）   mm

仪器读数	截面 A	截面 B	截面 C	截面 D
1	+0.018	−0.016	0	−0.013
2	+0.013	−0.010	−0.012	−0.010
3	+0.010	−0.012	−0.012	0
4	0	0	−0.010	0
5	0	0	−0.022	0
6	0	+0.011	−0.020	+0.011
7	−0.012	+0.013	−0.028	+0.013
8	−0.010	+0.016	−0.023	+0.017
$\Delta_i = (M_{max} - M_{min})/2$	0.015	0.016	0.014	0.015
圆度误差 $\Delta = \Delta_{max} = 0.01$			判断合格性：合格	

【活动评价】

根据本次活动的学习情况，认真填写附录 3 所示活动评价表。

活动三　测量圆柱度误差

测量图 3-45 所示零件 φ30 处圆柱外表面的圆柱度误差并判断其是否合格。

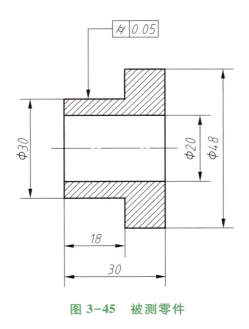

图 3-45　被测零件

圆柱度是评定圆柱形零件形状精度的一个较好的综合指标。对整体形状精度要求比较高的零件，如精密机床等，都应提出较高的圆柱度公差要求。

【活动分析】

1. 测量任务解读

要求测量 φ30 圆柱外表面的圆柱度误差是否满足公差带 $\boxed{\cancel{\diagdown}\ 0.05}$ 的要求。

圆柱度是限制实际圆柱面对其理想圆柱面变动量的一项指标，用于对圆柱面所有横截面和纵截面上的轮廓提出综合性形状精度要求。圆柱度公差可以同时控制圆柱面的圆度、素线和轴线的直线度，以及两条素线的平行度等。

圆柱度公差带是半径差为公差值 t 的两同轴圆柱面之间的区域，如图 3-46 所示。图中标注的意义是：被测圆柱面必须位于半径差为公差值 0.1 mm 的两同轴圆柱面之间。

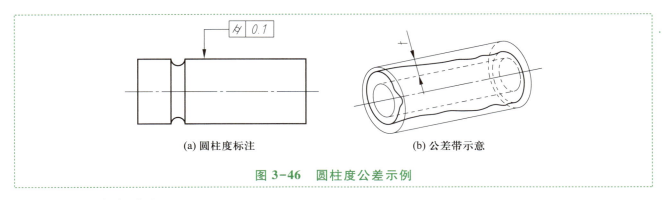

(a) 圆柱度标注　　　　　　　　(b) 公差带示意

图 3-46　圆柱度公差示例

2. 测量方案确定

与测量圆度误差的方案基本相同。

【活动实施】

1. 测量器具准备

与测量圆度误差器具相同。

2. 测量步骤

（1）测量装置与测量圆度的装置基本相同，将被测零件放在 $2\alpha = 90°$ 的 V 形块上，使其轴线垂直于测量截面，同时固定轴向位置，安装好表座、表架、百分表，平稳移动表座，使百分表测头接触被测轴，并垂直于被测轴的轴线，且使百分表的指针压半圈以上，转动表盘，调节指针归零。

（2）转动被测轴一周，记录百分表读数的最大值与最小值。

（3）按同样方法，分别测量被测轴上四个不同截面，取各截面测得的所有读数中最大值与最小值之差的一半作为该被测轴的圆柱度误差。

（4）完成检测报告，整理实验器具。

3. 数据处理

在 V 形块 $2\alpha = 90°$ 的条件下，取各截面测得的所有读数中最大值与最小值之差的一半作为该被测轴的圆柱度误差。

4. 检测报告

按步骤完成测量并将被测件的相关信息及测量结果填入检测报告单（表 3-9）中。

表 3-9　圆柱度误差检测报告单　　　　　　　　　　　　　　　mm

仪器读数	截面 A	截面 B	截面 C	截面 D
M_{max}	+0.023	+0.012	+0.013	+0.020
M_{min}	−0.010	−0.025	−0.010	+0.014
$\Delta_i = (M_{max} - M_{min})/2$	0.024			
圆柱度误差 $\Delta = 0.024$			判断合格性：合格	

【活动评价】

根据本次活动的学习情况，认真填写附录 3 所示的活动评价表。

【想想练练】

1. 总结两点法、三点法测量零件圆度的一般步骤。

2. 用两点法、三点法完成对图 3-47 所示的轴类零件的圆度误差的测量，并对这两种测量方法加以比较。

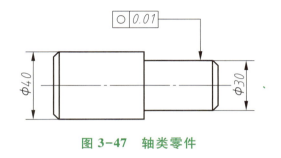

图 3-47　轴类零件

3. 比较圆度公差带与圆柱度公差带的区别。

4. 测量圆度误差、圆柱度误差的两点法和三点法有什么区别？

任务四　平行度误差、平面度误差的测量

【工作情境】

图 3-48a 是平口虎钳的底板零件，它的作用是支承整个平口虎钳，并在实际应用中把每次调整角度后的平口虎钳固定。平口虎钳工作时，主要作用是装夹工件，使工件占据并保持正确的加工位置。所以要求它应有足够的装夹精度。假如平口虎钳的装夹精度不够，加工出来的工件会产生什么样的现象？导致什么样的后果？

工件加工过程中，出现的主要质量问题包括尺寸公差超差和几何公差超差导致的工件报废。其中，几何公差（如工件平行度、平面度）的超差主要由工件装夹不合理或夹具（如平口虎钳）本身的误差引起。平口虎钳底板上下面的平行度误差直接影响它与平口虎钳底座的装配精度，从而影响整个平口虎钳的装配精度（图 3-48b），最终导致所装夹工件的几何公差超差。因此，在平口虎钳装夹时，往往要对单块底板的平行度进行检测（图 3-48c）。

(a) 底板实物

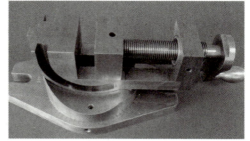

(b) 平口虎钳实物

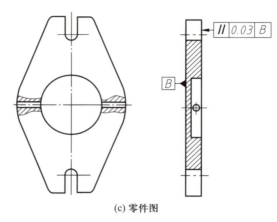

(c) 零件图

图 3-48 平口虎钳底板

【相关知识】

1. 平行度的含义、符号及应用范围
2. 平行度公差的类型
3. 平行度误差、平面度误差的测量原理与方法
4. 测量结果的数据处理
5. 测量仪器的保养

　　平行度是指加工后零件上的面、线或轴线相对于该零件上作为基准的面、线或轴线不平行的程度，如长方形零件上、下两平面不平行的程度，同一平面上两孔的轴线不平行的程度等，是限制被测实际要素对基准要素在平行方向上变动量的一项指标。

　　根据被测要素和基准要素的几何特征，可将平行度公差分为线对线、线对面、面对线和面对面及线对基准体系五种情况。

活动一　测量面对面的平行度误差

图 3-48 为平口虎钳底板零件，现要求测量出上下底面间的平行度误差。

【活动分析】

图 3-48 中被测要素和基准要素均为平面，属于面对面的平行度误差测量。

面对面的平行度误差的公差带为公差值为 t 且平行于基准面的两平行平面之间的区域。例如图 3-49a 中，被测表面必须位于公差值为 0.01 mm 且平行于基准面 D 的两平行平面之间，如图 3-49b 所示。

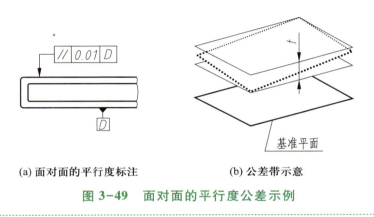

(a) 面对面的平行度标注　　　　　　(b) 公差带示意

图 3-49　面对面的平行度公差示例

【活动实施】

1. 测量器具准备

百分表、表座、表架、平台、被测件、全棉布数块、防锈油等。

2. 测量步骤

（1）如图 3-50 所示，将被测零件放置在测量平台上，以底板底面作为基准面。

图 3-50　面对面的平行度误差的检测方法

（2）安装好表座、表架、百分表，调节表架，使百分表的测量头垂直于被测面，且使百分表的指针压半圈以上，转动表盘调节指针归零。

（3）在整个被测表面上多方向地移动表架进行测量，并记录测量值 M。

（4）选出测量值 M 中的最大值 M_{max} 与最小值 M_{min}。

（5）利用公式 $\Delta = M_{max} - M_{min}$ 计算平行度误差。

（6）判定零件平行度误差是否符合要求。如果 $\Delta \leq \Delta_{标准}$，则零件平行度符合要求。

（7）将测量结果填入检测报告单（表 3-10）中，判断工件的合格性。

3. 数据处理

根据测得的数据 M_{max} 和 M_{min}，计算平行度误差为 $\Delta = M_{max} - M_{min}$。

式中，M_{max} 为百分表的最大读数；M_{min} 为百分表的最小读数。

4. 检测报告

按步骤完成测量并将被测件的相关信息及测量结果填入检测报告单（表 3-10）中。

表 3-10　平行度误差检测报告单　　　　　　　　　　　　　mm

测量数据记录									
序号	M_1	M_2	M_3	M_4	M_5	M_6	M_7	M_8	M_9	M_{10}
数据	0.015	-0.010	0.020	-0.010	0	0.015	0.018	-0.010	-0.010	0
序号	M_{11}	M_{12}	M_{13}	M_{14}	M_{15}	M_{16}	M_{17}	M_{18}	M_{19}	M_{20}
数据	-0.008	0	0.010	-0.015	0.018	0.020	0.010	0	-0.006	0.010
平行度误差 $\Delta = M_{max} - M_{min} = 0.035$					结论：不合格					

【活动拓展】

测量图 3-51 所示的衬套的平行度（面对线）误差并判断其合格与否。

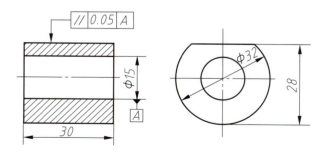

图 3-51　衬套

【活动分析】

图 3-51 中被测要素为平面，基准要素为中心轴线，属于面对线的平行度误差检测。

面对线的平行度公差带：距离为公差值 t，且平行于基准轴线的两平行平面之间的区域。如图 3-52 所示，要求被测表面必须位于距离为公差值 0.05mm 且平行于基准轴线 A 的两平行平面之间。

被测要素为平面、基准要素为直线的平行度可以采用图 3-53 所示的方法来测量。

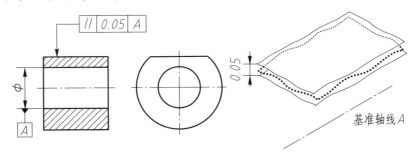

图 3-52　面对线的平行度的公差带

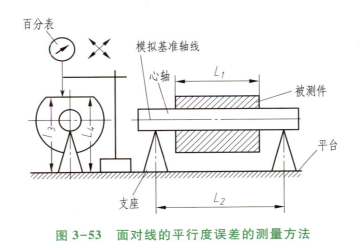

图 3-53　面对线的平行度误差的测量方法

【活动评价】

根据本次活动的学习情况，认真填写附录 3 所示活动评价表。

活动二　测量线对面的平行度误差

图 3-54 为平口虎钳活动钳口零件，现要求测量出活动钳口销孔轴线与钳口夹紧面间的平行度误差。

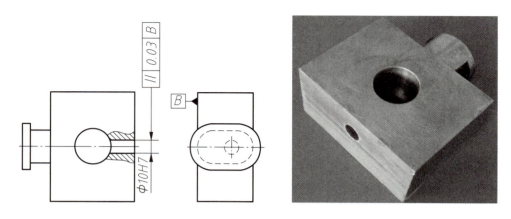

图 3-54   平口虎钳活动钳口

【活动分析】

图 3-54 中，被测要素为孔的轴线，基准要素为活动钳口夹紧面，属于线对面的平行度误差检测。

线对面的平行度误差，公差带是距离为公差值 t 且平行于基准平面的两平行平面之间的区域。例如图 3-55a 中，被测要素为孔的轴线，基准要素为零件的下表面。图中标注的意义是：被测实际轴线必须位于距离为公差值 0.01 mm 且平行于基准平面 B 的两平行平面之间，如图 3-55b 所示。

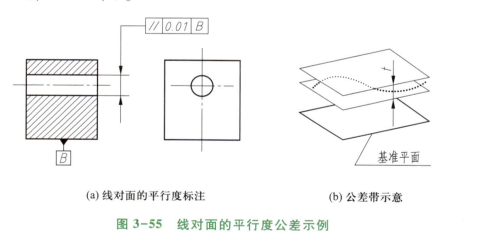

(a) 线对面的平行度标注   (b) 公差带示意

图 3-55   线对面的平行度公差示例

【活动实施】

1. 测量器具准备

百分表、表座、表架、平台、心轴、被测件、全棉布数块、防锈油等。

2. 测量步骤

（1）按图 3-56 所示，将被测零件放置在测量平台上，并在销孔中插入检测销，以活动钳口底平面作为基准面，固定好被测零件。

（2）安装好表座、表架、百分表，调节表架，使百分表的测量头垂直于检测销，且使百分表的指针压半圈以上，转动表盘调节指针归零。

（3）在检测销上确定出测量长度 L_2，并测出被测零件孔长 L_1 使 $L_2 = L_1$，记入实验报告数据表中。

（4）移动表架，在心轴的 L_2 长度的左右两端分别进行测量，并记录测量数据 M_1 和 M_2。

（5）记录数据，完成检测报告（表 3-11），清洁并整理实验器具。

图 3-56　测量线对面平行度误差

3. 数据处理

根据测得的数据 M_1 和 M_2，垂直方向的平行度误差为

$$\Delta = \frac{L_1}{L_2} \mid M_1 - M_2 \mid$$

式中，L_1 为被测轴线长度；L_2 为百分表两个位置间的距离；M_1、M_2 为测量长度 L_2 两端百分表读数值。

4. 检测报告

按步骤完成测量并将被测件的相关信息及测量结果填入检测报告单（表 3-11）中。

表 3-11　平行度误差检测报告单（线对面）　　　　　　　　　　　mm

测量数据记录		
$L_1 = $ 　20	$L_2 = $ 　20	
百分表读数	$M_1 = -0.01$	$M_2 = 0.01$
平行度误差 $\Delta = \dfrac{L_1}{L_2} \mid M_1 - M_2 \mid = $ 　0.02	结论：合格	

除了上述测量方法外，也可以用杠杆百分表来测量（图 3-57）。将工件底平面放在平台上，使测量头与 A 端孔表面接触，左右慢慢移动表座，找出工件孔径最低点，调整指针至零位，将表座慢慢向 B 端推进。也可以使工件转换方向，再使测量头与 B 端孔表面接触，A、B 两端指针最低点和最高点在全程上读数的最大差值，就是全部长度上的平行度误差。

【活动拓展】

测量图 3-58 所示连杆大小头轴承孔中心线的平行度误差。

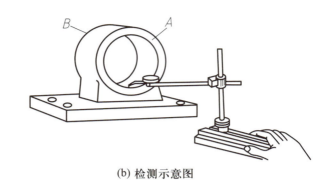

(a) 实测图　　　　　　　　　　　　　　(b) 检测示意图

图 3-57　线对面的平行度检验方法

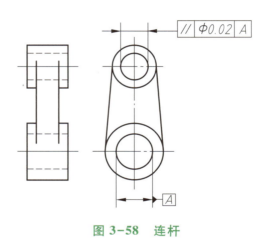

图 3-58　连杆

【活动分析】

1. 测量任务解读

本次活动测量项目为 $\boxed{\;/\!/\;|\;\phi0.02\;|\;A\;}$ 。

图 3-58 中，连杆上的两孔轴线有平行度要求。即被测实际轴线应平行于基准轴线，直径等于 0.02mm 的圆柱面所限定的区域。

2. 测量方案确定

如图 3-59 所示，选 Ⅰ-Ⅰ 心轴的轴线作为基准轴线，Ⅱ-Ⅱ 心轴的轴线作为被测轴线。测量时，基准轴线和被测轴线均根据孔径配制的心轴来模拟，将被测零件放在等高支承（V形块或等高顶尖座）上，在测量距离为 L 的两个位置上分别用百分表测量数值 h_1、h_2，被测零件孔长 l，最后利用公式 $\Delta = \dfrac{l}{L}\,|\,h_1 - h_2\,|$ 计算出平行度误差。

【活动实施】

1. 测量器具准备

百分表、表座、表架、平台、心轴、V形块、被测件、全棉布数块、防锈油等。

2. 测量步骤

（1）按图3-59a所示，在被测零件连杆的两孔中分别插入心轴Ⅰ-Ⅰ和Ⅱ-Ⅱ，并将心轴Ⅰ-Ⅰ选作基准轴线。

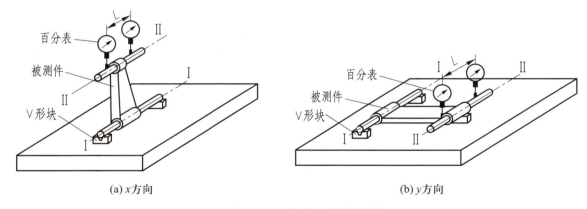

(a) x方向　　　　　(b) y方向

图3-59　平行度误差的测量

（2）将心轴Ⅰ-Ⅰ放在等高的V形块中（或等高顶尖座上），且使Ⅰ-Ⅰ轴线及包含Ⅱ-Ⅱ轴线上一个端点所构成的平面垂直于平台，用90°角尺校正后固定好被测零件。

（3）调平Ⅰ-Ⅰ心轴。通过调节表架，使百分表的测量头在Ⅰ-Ⅰ心轴的一端最高点，且调整使百分表的指针压上半圈以上，转动表盘调节指针归零；再移动表架至Ⅰ-Ⅰ心轴另一端最高点，读出百分表上读数值，判断其两端点的高低情况，并进行调整，使两端读数相同后固定零件。

（4）在Ⅱ-Ⅱ心轴上确定出测量长度L，并测出被测零件孔长l，记入实验报告数据表中。

（5）移动表架，在Ⅱ-Ⅱ心轴的L长度的左右两端分别进行测量（图3-59a），并记录该方向上测量数据h_1和h_2。

（6）改变位置，使Ⅰ-Ⅰ轴线及包含Ⅱ-Ⅱ轴线上一个端点所构成的平面与平台平行。方法同上，调平Ⅰ-Ⅰ心轴，然后在Ⅱ-Ⅱ心轴的测量长度L的左右两端分别进行测量（图3-59b），并记录该方向上测量数据h_1和h_2。

（7）记录数据，完成检测报告，清洁并整理实验器具。

3. 数据处理

分别按水平和垂直方向进行测量后，取各测量位置所对应平行度误差值中的最大值作为该方向的平行度误差。其平行度误差计算公式为

$$\Delta = \frac{l}{L} \mid h_1 - h_2 \mid$$

式中，l 为孔长；L 为测量长度；h_1、h_2 为测量长度 L 两端读数值。

在分别测得 x 方向上的误差值 f_x、y 方向上的误差值 f_y 后，按 $\Delta = \sqrt{f_x^2 + f_y^2}$ 确定线对线的平行度误差值。

活动三　测量平面度误差

图 3-60 所示为装配完成的平口虎钳，检测固定钳口工件的安装基准平面的平面度。

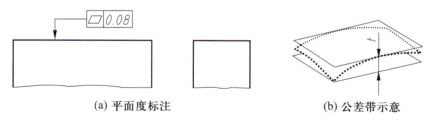

图 3-60　平口虎钳

【活动分析】

1. 测量任务解读

平面度即平面加工后实际形状的不平程度，如平板平面加工的不平度等。平面度的公差带是距离为公差值 t 的两平行平面之间的区域，如图 3-61 所示。

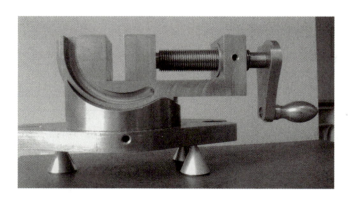

(a) 平面度标注　　　　　　　　　　(b) 公差带示意

图 3-61　平面度的公差示例

2. 测量方案确定

平面度测量采用间接测量法，即通过打表法测量实际表面上若干点的相对高度差，经数据处理后，求其平面度的误差值。

操作时将被测零件用可调千斤顶安置在平台上，以标准平台为测量基面，按三点法或四点法(对角线布点法)调整被测面与平台平行。用百分表沿实际表面上布点，逐点测量。布点测量时，先测得各测点的数据，然后按要求进行数据处理，求平面度误差。

【活动实施】

1. 测量器具准备

百分表、表座、表架、平台、小千斤顶、被测件、全棉布数块、防锈油等。

2. 测量步骤

（1）擦净固定钳口的被测表面，按图 3-62 所示布点方式在被测表面上画好网格，标定测点并进行编号，网格密度根据被测平面大小而定，四周离边缘为 10~20 mm。

（2）将装配好的平口虎钳按图 3-63 所示支承在基准平台上的三个千斤顶上，三个千斤顶应位于被测平口虎钳上相距最远的三点。

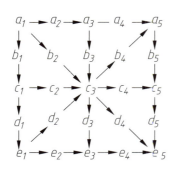

图 3-62　对角线布点法

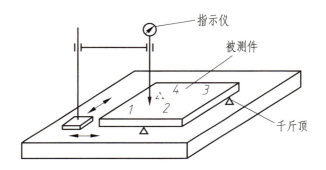

图 3-63　测量平面度误差示意图

（3）通过三个千斤顶支架调整被测平面上对角对应点 1 与 3、2 与 4 等高。此时，即以此三个千斤顶建立的平面作为测量基面。

（4）用百分表头在被测表面上的各布点进行测量，并按编号记录百分表读数。

（5）整理实验仪器，完成实验报告。

3. 数据处理

测得数据中的最大读数值 M_{max} 与最小读数值 M_{min} 的差值，即为被测实际表面的平面度误差。其平面度误差计算公式为：$\Delta = M_{max} - M_{min}$。

平面度误差的评定——按对角线布点法评定

用通过实际被测表面的一条对角线且平行于另一条对角线的平面作为评定基准，以各测点对此评定基准的偏离值中的最大偏离值与最小偏离值之差作为平面度误差值。

测点在对角线平面上方时，偏离值为正值；测点在对角线平面下方时，偏离值为负值。即以通过实际被测表面的一条对角线且平行于另一条对角线的平面建立理想平面，各测点对此平面的最大正值与最大负值的绝对值之和作为被测实际表面的平面度误差值。

4. 检测报告

按步骤完成测量并将被测件的相关信息及测量结果填入检测报告单（表3-12）中。

表3-12 平面度误差检测报告单   mm

测量数据记录									
序号	a_1	a_2	a_3	a_4	a_5	b_1	b_2	b_3	b_4	b_5
数据	0.005	0.006	0	−0.001	−0.003	0.003	0.001	0	0.001	0
序号	c_1	c_2	c_3	c_4	c_5	d_1	d_2	d_3	d_4	d_5
数据	0.005	0.003	−0.001	−0.004	0	0	0.001	0	0	−0.004
序号	e_1	e_2	e_3	e_4	e_5					
数据	0.002	0	−0.004	0.005	0					

平面度误差 $\Delta = M_{max} - M_{min} = 0.01$　　　　　结论：合格

【知识拓展】

透光法测量平面度误差

生产中测量平面度误差的方法很多，对于较小平面，其平面度通常采用刀口形直尺通过透光法来测量，如图3-64所示。测量时，刀口形直尺的刀刃放在工件表面上，如图3-64a所示，并在加工面的纵向、横向、对角方向多处逐一进行测量，如图3-64b所示。如果刀口形直尺与工件平面间透光微弱而均匀，说明该平面是平直的；如果透光强弱不一，说明该平面是不平的。可用塞尺塞入测量，确定平面度误差值。对于中凹平面，取各测量部位中的最大值；对于中凸平面，则应在两边以同样厚度的塞尺塞入测量，并取各测量部位中的最大值，如图3-64c所示。对于大平面，特别是刮削平面，生产现场多用涂色法做合格性检验。

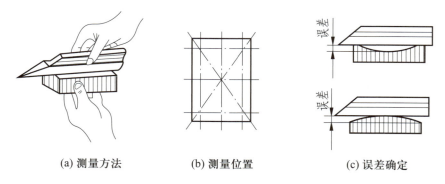

(a) 测量方法　　　　(b) 测量位置　　　　(c) 误差确定

图3-64 用刀口形直尺测量平面度

【活动评价】

根据本次活动的学习情况，认真填写附录3所示活动评价表。

【想想练练】

1. 平面度误差的评定方法有哪些？

2. 用打表法测量平面度误差应注意哪些问题？

3. 测量平面度（形状误差）无基准而言，为何还要对工件与平台接触提出要求？

4. 测量图 3-65 所示齿轮坯两端面的平行度误差并判断其合格与否。

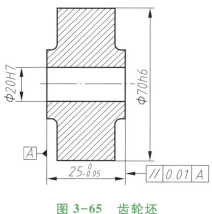

图 3-65　齿轮坯

任务五　垂直度误差、位置度误差的测量

【工作情境】

图 3-66 所示为角接支承板，用于连接互相垂直的两个零件，其上面有两个安装孔，相互垂直，在具体连接过程中，其两孔的垂直性直接影响到被连接件的位置关系。

图 3-67 所示为数控钻床加工示意图，在钻孔过程中，数控钻床控制系统必须严格控制刀具或机床工作台从一点准确地移动到另一点，例如图 3-67 中，必须准确控制好 L_a 和 L_b，这就涉及位置度误差等问题。

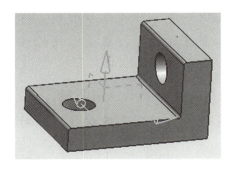

图 3-66　角接支承板

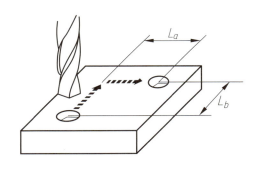

图 3-67　数控钻床加工示意图

【相关知识】

1. 垂直度、位置度的含义、符号及应用范围

2. 垂直度误差、位置度误差测量

3. 心轴的使用

4. 测量结果的数据处理

5. 测量仪器的保养

活动一 测量面对线的垂直度误差

测量图 3-68 所示的低阶轴零件的垂直度误差。

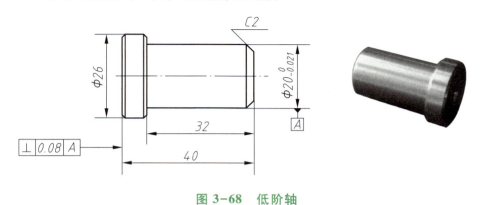

图 3-68 低阶轴

【活动分析】

1. 测量任务解读

本次活动测量项目为：⊥ 0.08 A。

图 3-68 中，被测要素为工件的左端面，基准要素为 $\phi20_{-0.021}^{0}$ 圆柱的中心线，属于面对线的垂直度测量。被测实际表面必须位于距离为公差值 0.08 mm 且垂直于基准轴线 A 的两平行平面之间。

> 垂直度是指加工后零件上的面、线或轴线相对于该零件上作为基准的面、线或轴线不垂直的程度，如长方形零件上的侧平面与底平面不垂直的程度、圆盘零件的端面与轴线不垂直的程度等。
>
> 垂直度是限制被测实际要素对基准要素在垂直方向上变动量的一项指标。
>
> 由于被测要素和基准要素不同，零件垂直度公差分为面对线、线对线、线对面和面对面及线对基准体系五种情况，见表 3-13。

表 3-13 垂直度公差带的种类及含义（四种）

种类	垂直度的标注和公差带示例	含义
面对线	 面对线垂直度公差带示例	1. 被测要素为零件的右端面，基准要素是圆柱的轴线； 2. 被测实际表面必须位于距离为公差值 0.08 mm 且垂直于基准轴线 A 的两平行平面之间

续表

种类	垂直度的标注和公差带示例	含义
线对线	线对线垂直度公差带示例	1. 被测要素、基准要素均为中心线； 2. 公差带是距离为公差值 0.02 mm 且垂直于基准轴线的两平行平面之间的区域
线对面	任意方向上线对面垂直度公差带示例	1. 被测要素为轴线，基准要素为平面； 2. 被测实际轴线必须位于直径为公差值 0.01 mm 且垂直于基准平面 A 的圆柱面内
面对面	面对面垂直度公差带示例	1. 被测要素为零件的右端面，基准要素为零件的底面； 2. 被测实际平面必须位于距离为公差值 0.08 mm 且垂直于基准平面 A 的两平行平面之间

2. 测量方案确定

将被测零件放在导向块内，基准轴线由导向块模拟(图 3-69)，然后采用打表法测量。

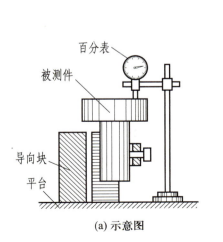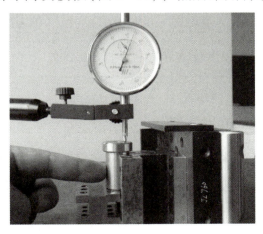

(a) 示意图　　　　　　　(b) 实测图

图 3-69　面对线垂直度误差测量

【活动实施】

1. 测量器具准备

平台、百分表、表座、表架、导向块、被测件、全棉布数块、防锈油等。

2. 测量步骤

（1）将被测零件放置在导向块内，基准轴线由导向块模拟（图 3-69）。

（2）将百分表测量头与被测表面接触并保持垂直，且使百分表的指针压半圈以上，转动表盘，调节指针归零。

（3）测量整个表面，并记录百分表读数 M。

（4）完成检测报告，整理实验器具。

3. 数据处理

零件的整个测量表面上读数的最大值 M_{max} 与最小值 M_{min} 之差即为垂直度误差：

$$\Delta = M_{max} - M_{min}$$

式中，M_{max} 为百分表最大读数；M_{min} 为百分表最小读数。

4. 检测报告

按步骤完成测量并将被测件的相关信息及测量结果填入检测报告单（表 3-14）中。

表 3-14　垂直度误差检测报告单（面对线）　　　　　　　　　　　mm

测量数据记录									
序号	M_1	M_2	M_3	M_4	M_5	M_6	M_7	M_8	M_9	M_{10}
数据	+0.015	+0.010	+0.026	+0.015	0	0	−0.010	−0.017	−0.015	−0.012
序号	M_{11}	M_{12}	M_{13}	M_{14}	M_{15}	M_{16}	M_{17}	M_{18}	M_{19}	M_{20}
数据	−0.012	−0.023	−0.020	−0.014	−0.013	0	0	+0.015	+0.014	+0.010
垂直度误差 $\Delta = M_{max} - M_{min} = 0.049$					结论：合格				

【活动评价】

根据本次活动的学习情况，认真填写附录 3 所示活动评价表。

活动二　测量线对线的垂直度误差

测量图 3-70 所示的零件中两孔轴线之间的垂直度误差，并判断其合格与否。

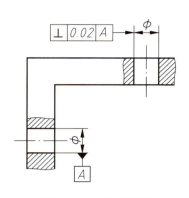

图 3-70　被测零件

【活动分析】

1. 测量任务解读

本次活动测量任务为： ⊥ 0.02 A 。

图 3-70 中，被测要素和基准要素均为轴线，即以水平方向孔的轴线作为基准要素，以垂直方向孔的轴线作为被测要素，公差带是距离为公差值 t(0.02 mm)且垂直于基准线的两平行平面之间的区域。

2. 测量方案确定

在测量过程中，放置零件时，关键是如何保证基准的垂直性，具体采用放入心轴，通过心轴的垂直性来保证基准要素的垂直(图 3-71)。

【活动实施】

1. 测量器具准备

平台、百分表、表座、表架、心轴、可调支承、被测件、精密 90°角尺、全棉布数块等。

2. 测量步骤

（1）将被测零件放在可调支承上（可调支承数量根据零件的具体形状决定），百分表装在表架上。

（2）将与孔成无间隙配合的可胀式心轴装入工件，如图 3-71 所示。

（3）用 90°精密角尺调整基准心轴，使其与平台垂直。

（4）使百分表测量头与心轴垂直，且使百

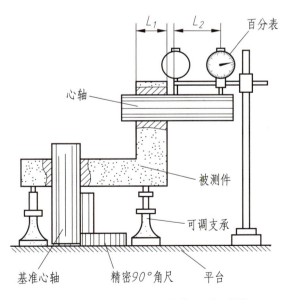

图 3-71　线对线垂直度误差测量

表的指针压半圈以上，转动表盘，调节指针归零，在测量距离为 L_2 的两测量点记录数据 M_1 和 M_2。

（5）完成检测报告，整理实验器具。

> 通过上述测量方法，可以获得这样一条经验：在碰到以孔的轴心线作为被测要素或基准要素时，可以采用心轴作为辅助测量工具，这样可以简化测量。但精密90°角尺及心轴的精度会影响测量结果。

3. 数据处理

计算垂直度误差

$$\Delta = \frac{L_1}{L_2} \times |M_1 - M_2|$$

式中，L_1 为被测轴线长度；L_2 为百分表两个测量位置间的距离。

4. 检测报告

按步骤完成测量并将被测件的相关信息及测量结果填入检测报告单（表3-15）中。

表3-15　垂直度误差检测报告单（线对线）　　　　　　　　　　　　　mm

测量数据记录				
数据记录	M_1	M_2	L_1	L_2
	3.260	3.290	10	30
垂直度误差 $\Delta = \dfrac{L_1}{L_2} \times |M_1 - M_2| = 0.01$			结论：合格	

【知识拓展】

线对面、面对面的垂直度误差测量方法见表3-16。

表3-16　线对面、面对面的垂直度误差测量

测量项目	测量方法示意图及使用仪器	测量步骤
线对面	（被测件　百分表　90°角尺　转台）	1. 将被测零件放置在转台上并使被测轮廓要素的轴线与转台中心对正； 2. 使百分表与被测零件的外圆柱面接触，调零，按需要测量若干个轴向截面轮廓要素上的读数 M； 3. 计算垂直度误差 $\Delta = M_{max} - M_{min}$； 4. 评定测量结果

续表

测量项目	测量方法示意图及使用仪器	测 量 步 骤
面对面	90°角尺　定位销　垂直表架　工件	1. 将90°角尺的基准面放在基准平台上，使垂直表架上的两个定位销与90°角尺接触，压缩百分表至适当位置，记下读数值； 2. 把垂直表架移至被测零件，使垂直表架上的两个定位销与零件的被测表面接触，同时调整靠近基准的被测表面的读数相等； 3. 分别在被测表面各个部分取多个点进行测量并读数 M； 4. 计算垂直度误差 $\Delta = M_{max} - M_{min}$； 5. 评定测量结果

注意事项：

1. 在面对面的垂直度测量中，如果垂直度精度要求不高，也可以采用90°角尺加塞尺来进行测量。

2. 在以面作为基准要素时，如果基准面较大，为了提高测量精度，可用点支承的形式，如果基准面较小，测量精度要求不高时，可直接用面支承的形式。

【活动评价】

根据本次活动的学习情况，认真填写附录3所示活动评价表。

活动三　测量位置度误差

测量图3-72中所示精密台虎钳的活动钳口的位置度误差。

【活动分析】

当被测要素为孔的轴线时，位置度公差值前加注符号中，其标注的意义是：被测轴线必须位于直径为公差值为 $\phi t(\phi 0.3 \text{mm})$ 的圆柱面内，该圆柱面的轴线的位置由基准平面 A、B、C 和理论正确尺寸（用于定义要素理论正确几何形状、范围、位置与方向的线性尺寸或角度尺寸）所确定（图3-73）。

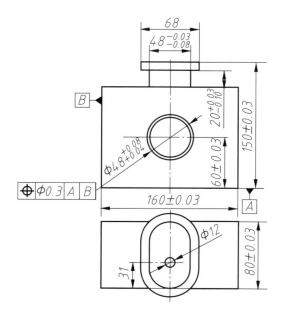

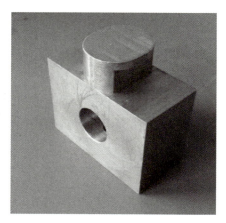

图 3-72　精密台虎钳的活动钳口

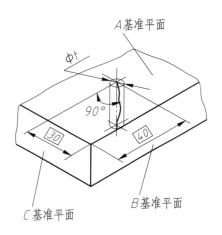

图 3-73　位置度公差示例

【活动实施】

1. 测量器具准备

外径千分尺、内径百分表、杠杆百分表及表架、平板、高度为 60 mm 和 80 mm 的块规。

2. 测量步骤

（1）将被测零件的基准面 A 放在平板上。

（2）测量孔径：按孔公称尺寸选好测量头，装在内径百分表上，用外径千分尺对零位，测出孔径 D。

（3）将杠杆百分表用高度为 60 mm 的块规对零位后，测出孔壁到基准面 A 的距离 L_a，如图 3-74a 所示。

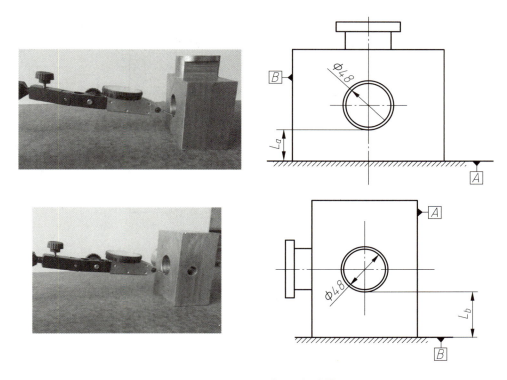

图 3-74　位置度误差测量

（4）再将被测件的基准面 B 放在平板上，同样将杠杆百分表用高度为 80mm 的块规对零位后，测出孔壁到基准面 B 的距离 L_b，如图 3-74b 所示。

（5）将 L_a、L_b 分别加上实际孔的半径，求出孔中心到基准面 A、B 的距离 $X_实$、$Y_实$。

（6）将实测值与相应的理论正确尺寸比较，得出偏差 f_x、f_y，则孔的位置度误差为：

$$\Delta = 2\sqrt{f_x^2 + f_y^2}$$

（7）进行合格性评定。

【活动评价】

根据本次活动的学习情况，认真填写附录 3 所示活动评价表。

【想想练练】

1. 检测如图 3-75 所示支撑元件的垂直度并判断其是否合格。
2. 检测如图 3-76 所示底座孔的位置度。

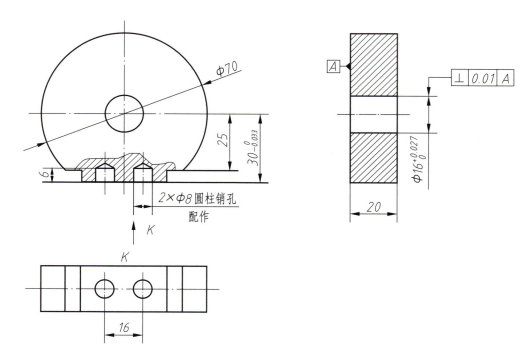

图 3-75 支撑元件

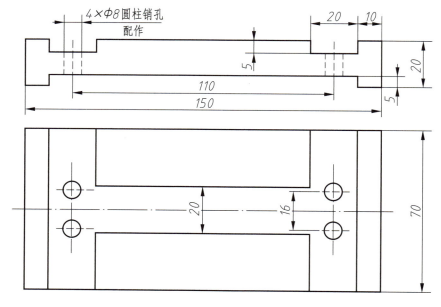

图 3-76 底座

任务六 同轴度误差、径向圆跳动误差和轴向圆跳动误差的测量

【工作情境】

如图 3-77 所示，轴承在加工过程中，可能由于设备的影响，其表面存在着同轴度、径向圆跳动和轴向圆跳动等几何误差，造成轴承在旋转时的轴向和径向的跳动，产生振动现象。

【相关知识】

1. 同轴度、径向圆跳动和轴向圆跳动的含义、符号及应用范围
2. 同轴度误差、径向圆跳动误差和轴向圆跳动误差常用测量工具的选择
3. 轴类、套类零件同轴度误差、径向圆跳动误差和轴向圆跳动误差的测量原理与方法
4. 编写测量与误差分析报告
5. 测量仪器的维护

图 3-77 轴承

活动一 测量同轴度误差

测量图 3-78 中所示的精密台虎钳梯形螺纹轴的同轴度误差。

【活动分析】

1. 测量任务解读

本次活动测量任务为：◎ $\phi 0.03$ A 。

如图 3-78 所示，被测要素为右端圆柱面的轴线，基准要素为左端圆柱面的轴线。具体要求是：右端圆柱面的轴线必须位于直径为公差值 $\phi t(\phi 0.03)$ 的圆柱面内（图 3-79），此圆柱面的轴线与基准轴线 A（即左端圆柱面的公共轴线）重合。

2. 测量方案确定

用两个相同的刃口状 V 形块支承基准部位，然后用打表法测量被测部位。

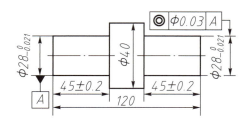

图 3-78 精密台虎钳梯形螺纹轴

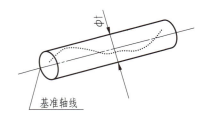

图 3-79 同轴度公差带示例

【活动实施】

1. 测量器具准备

百分表、表座、表架、刃口状 V 形块、平板、被测件、全棉布数块、防锈油等。

2. 测量步骤

（1）将准备好的刃口状 V 形块放置在平板上，并调整水平。

（2）将被测零件基准轮廓要素的中截面（两端圆柱的中间位置）放置在两个等高的刃口状 V 形块上，基准轴线由 V 形块模拟，如图 3-80 所示。

（3）安装好百分表、表座、表架，调节百分表，使测头与工件被测外表面接触，且使百分表压半圈以上，转动表盘，调节指针归零。

（4）缓慢而均匀地转动工件一周，并观察百分表指针的波动，取最大读数 M_{max} 与最小读数 M_{min} 的差值，作为该截面的同轴度误差。

（5）转动被测零件，按上述方法测量四个不同截面，取各截面测得的最大读数 M_{max} 与最小读数 M_{min} 差值中的最大值（绝对值）作为该零件的同轴度误差。

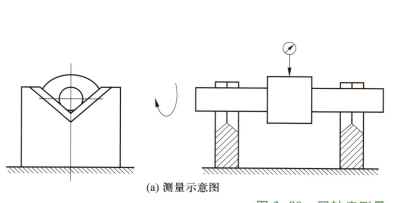

(a) 测量示意图

(b) 实测图

图 3-80 同轴度测量

（6）完成检测报告，整理实验器具。

3. 数据处理

（1）先计算出单个测量截面上的同轴度误差值，即 $\Delta_i = M_{imax} - M_{imin}$。

（2）取各截面上测得的同轴度误差值中的最大值，作为该零件的同轴度误差。

4. 检测报告

按步骤完成测量并将被测件的相关信息及测量结果填入检测报告单（表3-17）中。

表 3-17　同轴度误差检测报告单　　　　　　　　　　　　　　　　mm

仪器读数	测量记录和数据处理			
	截面 A—A	截面 B—B	截面 C—C	截面 D—D
M_{max}	0.028	0.029	0.028	0.030
M_{min}	-0.023	+0.005	-0.026	-0.023
$\Delta = M_{max} - M_{min}$	0.051	0.024	0.054	0.053
同轴度误差 $\Delta = \Delta_{imax} = 0.054$		判断合格性：不合格		

【活动拓展】

测量以内孔为基准的外圆柱面的同轴度误差。

【活动评价】

根据本次活动的学习情况，认真填写附录3所示的活动评价表。

活动二　测量径向圆跳动误差

测量图 3-81 中所示的轴类零件的径向圆跳动误差。

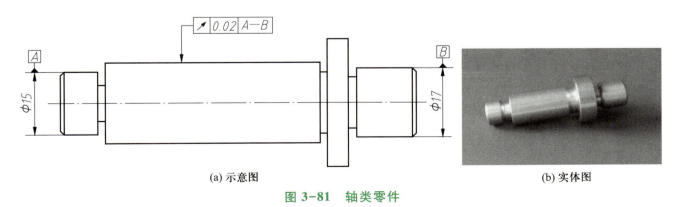

(a) 示意图　　　　　　　　　　　(b) 实体图

图 3-81　轴类零件

【活动分析】

1. 测量任务解读

本次活动测量任务为：$\boxed{\nearrow \mid 0.02 \mid A-B}$。

基准要素为公共基准轴线 A—B。具体要求是：在任一垂直于公共轴线 A—B 的横截面内，实际圆应限定在半径差等于 0.02 mm、圆心在公共轴线 A—B 上的两共面同心圆之内。

一般情况下测量径向圆跳动时，被测要素绕基准轴线旋转一周，其测量方向均应与基准轴线垂直。其公差带形状为垂直于基准轴线的任一测量平面内，半径差为公差值 t 且圆心在基准轴线上的两共面同心圆之间的区域，如图 3-82a 所示。

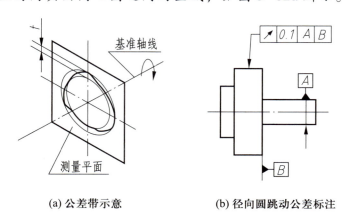

(a) 公差带示意　　　　　　(b) 径向圆跳动公差标注

图 3-82　径向圆跳动公差带示例

图 3-82b 中被测要素为大圆柱面，基准 A 为小圆柱面的轴线，同时给出台阶面 B 作为第二基准，以约束被测要素的轴向位置。标注的意义是：在任一平行于基准平面 B、垂直于基准轴线 A 的截面上，实际圆应限定在半径差等于 0.1 mm，圆心在基准轴线 A 上的两同心圆之间。

圆跳动属于跳动公差，是相对基准来说的，而圆度是形状公差，没有基准，测量值只要满足所给的区间即可。

---

2. 测量方案确定

按图 3-83 所示安装好被测件，然后缓慢而均匀地转动工件一周，记录百分表的最大读数与最小读数之差即为该截面的径向圆跳动量。再取不同的截面做同样的测试，最后取各截面跳动量中的最大值作为被测表面的径向圆跳动误差值。

【活动实施】

1. 测量器具准备

百分表、表座、表架、偏摆仪、被测件、全棉布数块、防锈油等。

2. 测量步骤

（1）将测量器具和被测件擦干净，然后把被测零件支承在偏摆仪上，如图 3-83 所示。

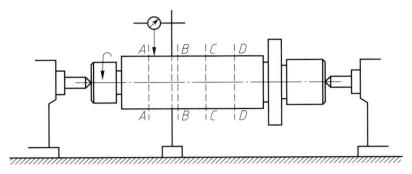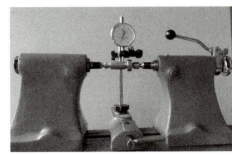

(a) 测量示意图　　　　　　　　　　　　　　　(b) 实测图

图 3-83　测量轴类工件径向圆跳动误差

（2）安装好百分表、表座、表架，调节百分表，使测头与工件外表面接触并保持垂直，且使百分表测量头压半圈以上，转动表盘，将指针调零。

（3）缓慢而均匀地转动工件一周，记录百分表的最大读数 M_{max} 与最小读数 M_{min}。

（4）按上述方法，测量四个不同横截面（截面 A—A、B—B、C—C、D—D），取各截面测得的最大读数 M_{imax} 与最小读数 M_{imin} 差值的最大值作为该零件的径向圆跳动误差。

（5）完成检测报告，整理实验器具。

3. 数据处理

（1）先计算出不同截面上的径向圆跳动误差值 $\Delta_i = M_{imax} - M_{imin}$。

（2）然后取上述的最大误差值作为被测表面的径向圆跳动误差值，即 $\Delta = \Delta_{imax}$。

4. 检测报告

按步骤完成测量并将被测件的相关信息及测量结果填入检测报告单（表 3-18）中。

表 3-18　径向圆跳动误差检测报告单　　　　　　　　　　　mm

仪器读数	测量记录和数据处理			
	截面 A—A	截面 B—B	截面 C—C	截面 D—D
M_{max}	+0.053	+0.042	+0.050	+0.042
M_{min}	−0.030	−0.033	−0.020	−0.020
$\Delta_i = M_{imax} - M_{imin}$	0.083	0.075	0.070	0.062
径向圆跳动误差 $\Delta = \Delta_{imax} = 0.083$			判断合格性：不合格	

【活动拓展】

测量套类零件外表面的径向圆跳动误差，关键是要解决基准要素的支承问题，可以按（图 3-84）所示，在套类零件中装入模拟心轴，这样就跟轴类零件的测量方法类似了。

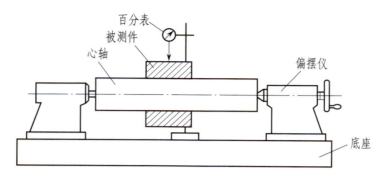

图 3-84　套类零件跳动测量示意图

【活动评价】

根据本次活动的学习情况，认真填写附录 3 所示的活动评价表。

活动三　测量轴向圆跳动误差

测量图 3-85 中所示的零件的轴向圆跳动误差。

【活动分析】

1. 测量任务解读

本次活动测量任务为：↗ | 0.1 | D 。

图 3-86 中被测要素为零件的右端面，基准要素为小圆柱的轴线。标注的意思是：在与基准轴线 D 同轴的任一圆柱形截面上，实际圆应限定在轴向距离等于 0.1 的两等圆之间。

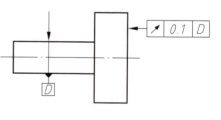

图 3-85　被测零件

　　轴向圆跳动的被测要素一般为回转体类零件的端面或台阶面，且与基准轴线垂直，测量方向与基准轴线平行。公差带是在与基准轴线同轴的任一半径的圆柱截面上，间距为公差值 t 的两圆之间的区域，如图 3-86 所示。

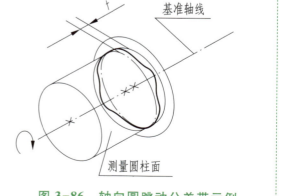

图 3-86　轴向圆跳动公差带示例

2. 测量方案确定

将工件按图 3-87 所示安装好，以小端轴线作为检测基准，工件在轴向不准移动。将百分表的测头垂直压在被测表面上，然后缓慢均匀转动工件一周，将百分表读数最大差值作为单个测量圆柱面上的轴向圆跳动，按上述方法测量若干个圆柱面，取各测量圆柱面的跳动量中的最大值作为该零件的轴向圆跳动误差。

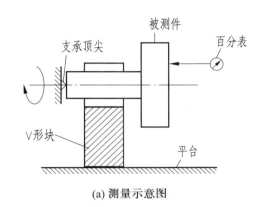

(a) 测量示意图

(b) 实测图

图 3-87　轴向圆跳动误差测量

【活动实施】

1. 测量器具准备

百分表、表座、表架、V 形块、被测件、全棉布数块、顶尖、防锈油等。

2. 测量步骤

（1）将被测零件放在 V 形块上，基准轴线由 V 形块模拟，并在轴向固定，如图 3-87 所示。

（2）将百分表安装在表架上，缓慢移动表架，使百分表的测量头与被测端面接触，并保持垂直，且使百分表的测量头压半圈以上，转动表盘，指针调零。

（3）缓慢而均匀地转动工件一周，并观察百分表指针的波动，取最大读数 M_{max} 与最小读数 M_{min} 的差值，作为该直径处的轴向圆跳动误差Δ_i。

（4）按上述方法，在被测端面四个不同直径处测量（直径 A、B、C、D），取测量端面不同直径上测得的跳动量中的最大值，作为该零件的轴向圆跳动误差。

（5）根据图样所给定的公差值，判断零件是否合格。

（6）完成检测报告，整理实验器具。

3. 数据处理

取测量端面不同直径上测得的跳动量中的最大值，作为该零件的轴向圆跳动误差，即 $\Delta = \Delta_{imax}$。

4. 检测报告

按步骤完成测量并将被测件的相关信息、测量结果及测量条件填入检测报告（表3-19）中。

表 3-19　轴向圆跳动误差检测报告单　　　　　　　　　　　　mm

仪器读数	测量记录和数据处理			
	直径 A	直径 B	直径 C	直径 D
M_{max}	+0.040	+0.052	+0.050	+0.042
M_{min}	−0.033	−0.042	−0.062	−0.050
$\Delta_i = M_{imax} - M_{imin}$	0.073	0.094	0.112	0.092
轴向圆跳动误差 $\Delta = \Delta_{imax} = 0.112$			判断合格性：不合格	

【活动拓展】

套类零件的轴向圆跳动测量，如图3-88所示。

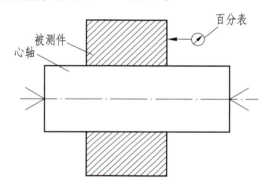

图 3-88　套类零件的轴向圆跳动测量示例

　　如有车床可代替平台进行测量，效果更好，如图3-89所示，但要事先检测主轴与尾座的同轴度误差及机床的相关精度，以保证测量结果的准确性，如果用圆度仪测量轴的径向跳动量和同轴度误差，将使测量更加可靠、准确、方便。

图 3-89　用车床代替平台进行测量

【活动评价】

根据本次活动的学习情况，认真填写附录 3 所示活动评价表。

【想想练练】

1. 根据图 3-88 所示，设计一个能测出套类零件轴向圆跳动误差的方案。

2. 测量图 3-90 所示联动轴的径向圆跳动误差。

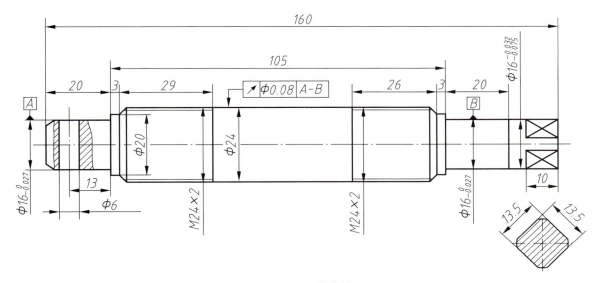

图 3-90　联动轴

项目四 螺纹的测量

学习目标

1. 能读懂零件图上各种螺纹的标记。
2. 会查表确定螺纹中径公差。
3. 会用通止规检测普通螺纹。
4. 会用螺纹千分尺测量普通螺纹。
5. 会用三针法测量普通螺纹。
6. 会用三针法测量梯形螺纹。

任务一　测量普通螺纹

【工作情境】

　　普通（三角形）螺纹是机械中常见的连接结构之一，在螺纹加工过程中，加工者往往会在加工后，对螺纹进行测量，通过测量来判断螺纹质量是否合格。对普通螺纹的测量通常有定性测量与定量测量两种。定性测量主要是通过螺纹通止规检测螺纹是否合格，而定量测量则主要通过螺纹千分尺、公法线千分尺等测量器具进行测量。图 4-1 是在车床上车削普通三角形螺纹的加工与测量的操作流程示意图，其中图 4-1a 为在车床上加工普通螺纹的示意图，图 4-1b 为普通螺纹测量示意图。

(a) 普通螺纹加工　　　　　　　　　　　(b) 普通螺纹测量

图 4-1　普通螺纹的加工示意图

【相关知识】

1. 普通螺纹标记识读

2. 普通螺纹常用测量器具

3. 用螺纹通止规检测普通螺纹的方法

4. 用螺纹千分尺测量普通螺纹的方法

5. 用三针法测量普通螺纹的方法

6. 常用普通螺纹测量器具的保养

识读普通螺纹

1. 普通螺纹的标记

> 螺纹特征代号　公称直径 × 螺距(线数) 或 P_h 导程 P 螺距 - 公差带代号
> - 旋合长度代号 - 旋向长度

说明:

普通螺纹的特征代号是 M。

标注螺距时为细牙螺纹,不标注时为粗牙螺纹(粗牙螺纹的螺距可以由附表 7 中查出,细牙螺纹有多个螺距);单线螺纹的尺寸代号为"公称直径×螺距",多线螺纹尺寸代号为"公称尺寸×P_h 导程 P 螺距"。

左旋标"LH",右旋一般省略旋向标记。

"中径公差带代号"和"顶径公差带代号"相同时只写一个,由表示大小的公差等级数字和表示位置的字母组成。外螺纹的基本偏差代号用小写的字母表示,有 a、b、c、d、e、f、g、h;内螺纹的基本偏差代号用大写的字母表示,有 G、H。

旋合长度：两个相互配合的螺纹，沿螺纹轴线方向相互旋合部分的长度。分为短、中等、长三组，其代号为 S、N、L，中等可以省略，也可直接标具体数值。

2. 普通螺纹的标注示例及含义

M18-5g6g-S：表示公称直径为 18 mm，中径公差带代号为 5g，顶径公差带代号 6g，短旋合长度的粗牙普通外螺纹。

3. 普通螺纹的常用参数

普通螺纹的常用参数参见表 4-1。

表 4-1 普通螺纹的常用参数

名称及代号	计算公式
牙型角	60°
原始三角形高度	$H = 0.866P$
牙型高度	$h = 0.5413P$
大径（内螺纹 D、外螺纹 d）	$D = d = $ 公称直径
中径（内螺纹 D_2、外螺纹 d_2）	$D_2 = d_2 = d - 0.6495P$
小径（内螺纹 D_1、外螺纹 d_1）	$D_1 = d_1 = d - 1.0825P$

活动一　用螺纹通止规检测普通螺纹

图 4-2 所示为普通车床上加工的某阶梯轴，试用螺纹通止规检测阶梯轴右端的螺纹部分是否合格。

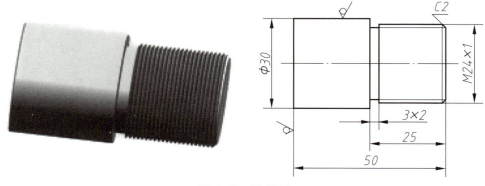

图 4-2　阶梯轴

【活动分析】

零件尺寸 M24×1 的含义：公称直径（螺纹大径）为 24 mm，螺距为 1 的普通右旋细牙螺纹，中等旋合长度。

在普通车床上成批加工轴类零件外表面的螺纹时，通常都选用螺纹通止环规检测，对于本活动中的螺纹，可以选用 M24 × 1 的螺纹通止规检测。

螺纹环规与螺纹塞规如图 4-3、图 4-4 所示。

图 4-3　螺纹环规　　　　　　　　　　　　图 4-4　螺纹塞规

螺纹环规主要用于检测外螺纹，一般有两块，标有"GO"或"T"标记的为通规，标有"NO GO"或"Z"标记的为止规。

螺纹塞规主要用于检测内螺纹，通常螺牙较多的一端为通规，螺牙较少的一端则为止规。

螺纹通止规上都有尺寸规格标记，以区别不同的测量范围。

图 4-3 所示环规上的标记是 M8 × 1-6g，表示该环规用于测量公称直径为 8 mm、螺距为 1 mm、中径和顶径公差代号为 6g 的普通细牙外螺纹。

图 4-4 所示塞规上的标记是 M14-6H，表示该塞规用于测量大径为 14 mm、螺距为 2 mm、中径和顶径公差代号为 6H 的普通粗牙内螺纹。

【活动实施】

1. 测量步骤

（1）应对量具和被测零件进行清洁，保证量具及被测零件的表面上无铁屑等附着物。

（2）根据被测螺纹的公称直径，选择 M24 × 1 的螺纹环规。

（3）测量时，如果螺纹环规的通规能够顺利地旋入工件，而止规不能旋入或者不能完全旋合，则说明该螺纹符合精度要求，反之就不合格。

2. 检测结果判定

利用螺纹环规测量时，通规必须能够顺利地旋入，止规的旋入量不允许超过两个螺距，对于三个或少于三个螺距的工件，不应完全旋合通过。只有通规和止规的旋入量都符合上述要求时，才说明该螺纹合格；如有一个条件不满足，则说明该螺纹不合格。

【活动拓展】

根据图 4-5 所示的螺纹套环的内螺纹尺寸要求，正确选择螺纹规，检测该螺纹是否合格。

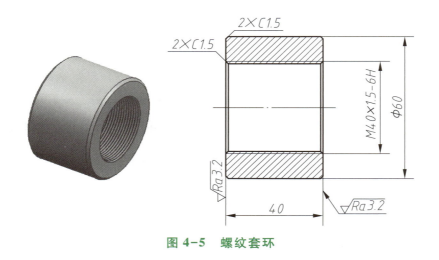

图 4-5 螺纹套环

【活动评价】

根据本次活动的学习情况，认真填写附录 3 所示活动评价表。

【想想练练】

1. 试说明 M36 × 2.5-5g6g 的含义是什么？
2. 使用螺纹通止规判断螺纹的合格性时，能否得到确定的测量数值？为什么？

活动二 用三针法测量普通螺纹

用三针法测量普通螺纹，检测图 4-6 中所示阶梯轴的螺纹部分是否合格。

图 4-6 阶梯轴

【活动分析】

该阶梯轴右端为普通螺纹，其标注 M20-6e 表示公称直径为 20 mm，螺距为2.5 mm，中径公差带代号和顶径的公差带代号为 6e 的粗牙普通右旋外螺纹。

对螺纹中径、顶径有公差要求的螺纹，重点是测量螺纹中径，通常采用三针法测量获得精确的测量结果。

> 三针法(也称三线法)是测量外螺纹中径比较精密的间接测量方法。使用时应根据被测螺纹的精度选择相应的量针精度，其测量原理如图 4-7 所示。
>
> 测量时先将三根直径相同的量针分别放入相应的螺纹沟槽内，再用接触式量仪或测微量具(如千分尺等)测出三根量针外母线之间的跨距 M，根据已知的螺距 P、牙型半角 $\frac{\alpha}{2}$ 及量针直径 d_0 的数值，计算出中径。

本次测量螺纹为 M20 的粗牙普通外螺纹，查附表 7 普通螺纹基本尺寸表，可知其螺距为 2.5 mm，螺纹的中径尺寸为 18.376 mm。

根据螺纹的中径、顶径公差带代号 6e，查附表 8 内外螺纹的基本偏差，得该螺纹的上极限偏差为 $es = -0.080$ mm。

然后，根据公差等级、公称直径和螺距，查附表 9 外螺纹的中径公差 T_{d_2}，查得此外螺纹的中径公差 $T_{d_2} = 0.170$ mm。

计算该螺纹的下极限偏差

$$ei = es - T_{d_2}$$
$$= -0.080 \text{ mm} - 0.170 \text{ mm}$$
$$= -0.250 \text{ mm}$$

故中径尺寸应为 $\phi 18.376^{-0.080}_{-0.250}$ mm，即中径上极限尺寸为 $\phi 18.296$ mm，下极限尺寸为 $\phi 18.126$ mm，实际测量获得的尺寸在此范围内即为合格，否则为不合格。

【活动实施】

1. 测量步骤

（1）根据被测螺纹的公称直径 M20，选用测量范围为 0～25 mm 的杠杆千分尺。

（2）根据被测螺纹的螺距 2.5 mm，查阅附表 11，选用最佳量针，确定量针的直径 $d_0 = 1.441$ mm，将三根量针悬挂在附加支臂上，如图 4-7a 所示。

（3）将量针和被测螺纹清理干净，校正千分尺零位。

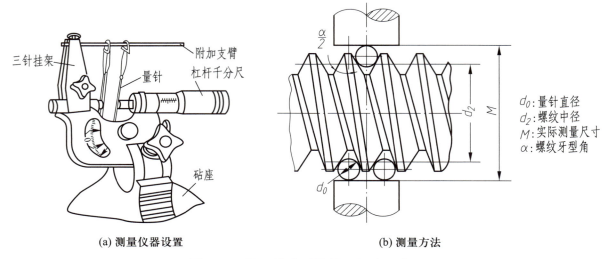

d_0：量针直径
d_2：螺纹中径
M：实际测量尺寸
α：螺纹牙型角

(a) 测量仪器设置   (b) 测量方法

图 4-7　用三针法测量普通螺纹示意图

（4）将三根量针放入螺纹牙槽中，旋转千分尺上的微分筒，使两端测头与三针接触，并转动千分尺上的测力装置，直到发出嘎嘎声时，读出尺寸 M，如图 4-7b 所示。

（5）在螺纹同一截面相互垂直的两个方向上测得尺寸 M，并取 5 个测量点记录数值，取其平均值，判断螺纹是否合格。

（6）测量结束，将量具擦拭干净并放入盒内保管。

2. 数据处理

将实际测得的 5 个数据的平均值 M 代入公式 $d_2 = M - C_{60}$，求出被测螺纹的中径值 d_2，其中，参数 C_{60} 可查阅附表 11 获得，判断 d_2 值是否在螺纹中径的极限尺寸范围内，如果超出此范围，则说明该螺纹不合格。

3. 检测报告

按步骤完成测量并将被测件的相关信息及测量结果填入检测报告单（表 4-2）中。

表 4-2　阶梯轴螺纹检测报告单

检验记录单						
螺纹参数						
测量尺寸	公称直径	螺纹中径 上极限尺寸	螺纹中径 下极限尺寸	牙型角	螺距	旋合长度
M20-6e	20 mm	18.296 mm	18.126 mm	60°	2.5 mm	中等

续表

检验记录单							
测量结果/mm							
零件名称	阶梯轴		测量日期		结论	合格	测量者	
序号	项目	尺寸要求	使用的量具	测量次数	测量数值	测量平均值(M)	螺纹中径值 $d_2 = M - C_{60}$
1	外螺纹	M20-6e		1	20.36	20.37	$d_2 = 20.37 - 2.158$ $= 18.212$
				2	20.38		
				3	20.37		
				4	20.37		
				5	20.37		

【活动拓展】

　　试根据上述测量方法，正确选用量针、千分尺，计算螺纹中径，测量图4-8所示阶梯轴的右端螺纹，并判断螺纹中径尺寸是否符合要求。

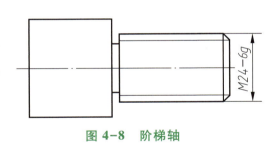

图4-8　阶梯轴

【活动评价】

　　根据本次活动的学习情况，认真填写附录3所示活动评价表。

【想想练练】

　　1. 什么是三针测量法？如何正确选择量针？
　　2. 试查表确定 M16 × 2-7H 内螺纹的中径公差范围是多少？

活动三　用螺纹千分尺测量普通螺纹

　　用螺纹千分尺测量图4-9所示的阶梯轴右端的普通螺纹并判断其是否合格。

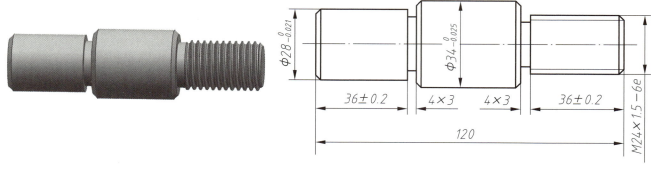

图 4-9　阶梯轴

　　三针法是对螺纹进行精密测量的理想方法之一，但是由于测量时，三根量针必须嵌入螺牙槽内，在加工过程中对螺纹进行在线测量很不方便。因此，工程实践中对一些精度不高的螺纹，常用螺纹千分尺进行测量。

　　螺纹千分尺的构造与外径千分尺基本相同，只是它的测量砧与测量头与外径千分尺不同，它有两个特殊的、角度与螺纹牙型角相同的可调换量头，如图 4-9 中所示的量头 1、量头 2，通过调换不同的测量头，可以测量不同公称直径和螺距的螺纹。

　　常用的螺纹千分尺如图 4-10 所示，图 4-10a 是普通螺纹千分尺，图 4-10b 是数显螺纹千分尺，螺纹千分尺测量范围见表 4-3。

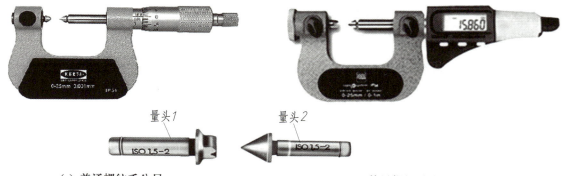

(a) 普通螺纹千分尺　　　　　　　　　　　(b) 数显螺纹千分尺

图 4-10　螺纹千分尺

表 4-3　螺纹千分尺测量范围

测量范围 /mm	测头数量 /副	测头测量螺距的范围 /mm	测量范围 /mm	测头数量 /副	测头测量螺距的范围 /mm
0~25	5	0.4~0.5 0.6~0.8 1~1.25 1.5~2 2.5~3.5	25~50	5	0.6~0.8 1~1.25 1.5~2 2.5~3.5 4~6

续表

测量范围 /mm	测头数量 /副	测头测量螺距的范围 /mm	测量范围 /mm	测头数量 /副	测头测量螺距的范围 /mm
50~75	4	1~1.25 1.5~2 2.5~3.5 4~6	100~125	3	1.5~2 2.5~3.5 4~6
75~100			125~150		

【活动分析】

图 4-9 中轴类零件的右端为普通螺纹，其标注 M24 × 1.5-6e 表示公称直径为 24 mm，螺距为 1.5 mm，中径公差带代号和顶径的公差带代号为 6e 的细牙普通右旋外螺纹。

查附表 7 普通螺纹基本尺寸表，可得公称直径 M24、螺距 1.5 mm 的螺纹中径尺寸为23.026 mm。

查附表 8 内外螺纹的基本偏差表，可得中径顶径公差带代号 6e 的螺纹的上极限偏差 $es = -0.067$ mm。

然后，根据公差等级、公称直径和螺距查附表 9 外螺纹的中径公差 T_{d_2}，查得此外螺纹的中径公差 $T_{d_2} = 0.150$ mm。

计算该螺纹的下极限偏差

$$ei = es - T_{d_2}$$
$$= -0.067 \text{ mm} - 0.150 \text{ mm}$$
$$= -0.217 \text{ mm}$$

故中径尺寸应为 $23.026^{-0.067}_{-0.217}$ mm，即中径上极限尺寸为 22.959 mm，下极限尺寸为 22.809 mm，实际测量获得的尺寸在此范围内即为合格，否则为不合格。

【活动实施】

1. 测量步骤

（1）根据被测螺纹的公称直径 M24，选择 0~25 mm 测量范围的螺纹千分尺，再根据螺纹的螺距，选取一对测量头。

（2）将被测螺纹及量具清理干净，并校正螺纹千分尺零位。

（3）将被测螺纹放入两测量头间，找正中径部位，并使螺纹千分尺测微螺杆轴线与被测螺纹轴线垂直，如图 4-11 所示。

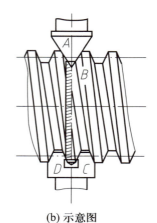

(a) 实测图   (b) 示意图

图 4-11   用螺纹千分尺测量中径示意图

（4）转动测力装置，直至听到嘎嘎的声音时便可开始读数。

（5）分别在同一截面相互垂直的两个方向上进行测量，并取 5 个测量点记录数值，将测得的 5 个数据填入表 4-4 所示的阶梯轴螺纹检测报告单的测量数值栏内。

（6）测量结束后将量具清理干净、收好。

2. 数据处理

计算测得的 5 个数据的平均值，以此作为被测螺纹的实际中径值，并判断该值是否在前面计算得到的螺纹中径的极限尺寸范围内，如果超出此范围，则说明该螺纹不合格。

3. 检测报告

按步骤完成测量并将被测件的相关信息及测量结果填入检测报告单（表 4-4）中。

表 4-4   阶梯轴螺纹检测报告单

检验记录单

螺纹参数						
测量尺寸	公称直径	螺纹中径 上极限尺寸	螺纹中径 下极限尺寸	牙型角	螺距	旋合长度
M24 × 1.5-6e	24 mm	22.959 mm	22.809 mm	60°	1.5 mm	中等

续表

检验记录单

测量结果/mm

零件名称	阶梯轴		测量日期		结论	合格	测量者	
序号	项目	尺寸要求	使用的量具	测量次数	测量数值		螺纹中径值	
1	外螺纹	M24×1.5-6e		1	22.90		22.88	
				2	22.88			
				3	22.87			
				4	22.88			
				5	22.88			

【活动拓展】

　　试正确选用螺纹千分尺与测头，测量图 4-12 所示的双头螺杆两端的螺纹，并判断螺纹中径尺寸是否符合要求。

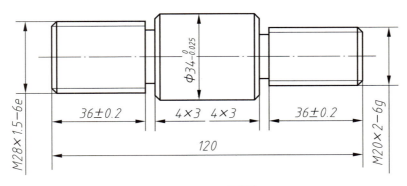

图 4-12　双头螺杆

【活动评价】

　　根据本次活动的学习情况，认真填写附录 3 所示活动评价表。

【想想练练】

　　1. 简述用螺纹千分尺测量螺纹中径的操作步骤。

　　2. 查表计算 M42×7-6H 的螺纹中径。

任务二　测量梯形螺纹

【工作情境】

　　梯形螺纹因其螺纹的对中性好、螺牙强度高而被广泛应用于各类传动机构，如机床、精密虎钳的丝杠等，如图 4-13 所示的是数控机床上使用的精密虎钳，虎钳上使用的梯形螺杆就是其锁紧工件的主要动力。梯形螺杆通常在车床上加工而成，由于梯形螺杆加工精度要求比较高，因而，生产中必须加强过程检测。梯形螺杆加工与生产过程检测如图 4-14a、图 4-14b 所示。

图 4-13　精密虎钳

(a) 梯形螺纹加工示意图

(b) 梯形螺纹在线检测

图 4-14　梯形螺纹加工与检测

【相关知识】

　　1. 梯形螺纹标记识读
　　2. 梯形螺纹中径的计算方法
　　3. 用三针法测量梯形螺纹的方法
　　4. 梯形螺纹测量器具的保养

识读梯形螺纹

1. 梯形螺纹的标记

螺纹特征代号　　公称直径 × 导程（螺距）旋向 - 中径公差带代号 - 旋合长度

2. 梯形螺纹的标注示例及含义

$$\text{Tr20} \times 14(\text{P7})\text{LH} - 8e - L$$

　　表示公称直径为 20 mm，螺距为 7 mm，导程为 14 mm，左旋，中径公差带代号为 8e，长旋合长度的双线梯形外螺纹。

　　3. 梯形螺纹实际中径计算

　　梯形螺纹的实际中径与量针直径、螺距有关系。

　　M 值的计算公式：

$$M = d_2 + 4.864d_0 - 1.866P$$

　　d_2 的计算公式：

$$d_2 = M - (4.864d_0 - 1.866P)$$
$$= M - C_{30}$$

　　式中，d_2——螺纹中径；

　　　　　P——螺距；

　　　　　d_0——量针直径；

　　　　　C_{30}——梯形螺纹中径参数（其值为 $4.864d_0 - 1.866P$，可查附表 16 获得）。

活动　用三针法测量梯形螺纹

　　图 4-15 所示是一传动机构中的梯形螺杆，用三针法测量该螺杆中径，判断其是否合格。

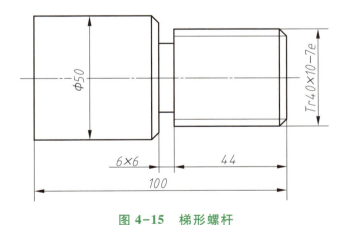

图 4-15　梯形螺杆

【活动分析】

　　此轴类零件的右端为梯形螺纹，其标记为 Tr40 × 10-7e，表示其公称直径为 40 mm，导程为 10 mm，中径公差带代号为 7e 的梯形螺纹。

梯形螺纹检测主要检测螺纹中径，常用的方法是用公法线千分尺及量针采用三针法测量。测量梯形螺纹的中径尺寸必须根据螺杆的精度等级确定中径尺寸的公差范围，而后用三针法测量获得的实际中径尺寸与公差范围进行比较，从而得出产品是否合格的结论。

先根据螺杆公称直径（40 mm）查附表 12，得螺杆的中径尺寸为 35.000 mm。然后由螺杆公差带代号 7e，查附表 13，得中径的上极限偏差 $es = -0.150$ mm。

再根据螺杆的公差等级、公称直径和螺距查附表 14，得此螺杆的中径公差 $T_{d_2} = 0.400$ mm。

计算螺杆下极限偏差

$$ei = es - T_{d_2}$$
$$= -0.150 \text{ mm} - 0.400 \text{ mm}$$
$$= -0.550 \text{ mm}$$

故中径尺寸应为：$\phi 35_{-0.550}^{-0.150}$ mm，即中径上极限尺寸为 $\phi 34.850$ mm，下极限尺寸为 $\phi 34.450$ mm。如果实际测量螺杆中径尺寸时，获得的尺寸在此范围内即为合格，否则为不合格。

【活动实施】

1. 测量步骤

（1）根据梯形螺纹的公称直径（40 mm），选用测量范围为 25~50 mm 的公法线千分尺。

公法线千分尺是一种利用螺旋副原理，对弧形尺架上两盘形测量面分隔的距离进行读数的齿轮公法线测量器具，它主要用于测量齿轮公法线长度，也可用于较高精度要求的螺纹测量。图 4-16 所示为 0~25 mm 的公法线千分尺外形结构图。

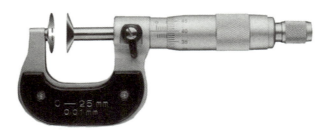

图 4-16　公法线千分尺

（2）根据梯形螺杆的螺距选用最佳量针，查附表 16 确定标准量针的直径 $d_0 = 5.150$ mm。

（3）将量具和被测螺纹清理干净，校正公法线千分尺的零位。

（4）将三根量针放入梯形螺纹牙槽中，旋转公法线千分尺的微分筒，使两端测头与三针接触，读出尺寸 M，参见梯形螺纹在线检测图（图 4-14b）。

（5）在同一截面相互垂直的两个方向上测出尺寸 M，并取 5 个测量点记录数值，取其平均值并判断螺纹是否合格。

（6）测量结束，将量具擦拭干净并放入盒内保管。

2. 数据处理

将测量的 5 组数据的平均值 M 代入公式 $d_2 = M - C_{30}$，求出被测梯形螺纹的中径值 d_2，其中，参数 C_{30} 可查阅附表 16 获得，判断 d_2 值是否在规定的极限尺寸范围内，如果超出此范围，则说明该螺纹不合格。

3. 检测报告

按步骤完成测量并将被测件的相关信息及测量结果填入检测报告单（表 4-5）中。

表 4-5　梯形螺杆检测报告单

检验记录单

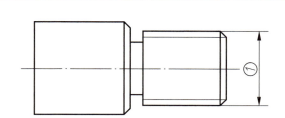

螺纹参数						
测量尺寸	公称直径	螺纹中径 上极限尺寸	螺纹中径 下极限尺寸	牙型角	螺距	旋合长度
Tr40 × 10-7e	40 mm	34.850 mm	34.450 mm	30°	10 mm	中等

测量结果/mm							
零件名称	阶梯轴		测量日期		结论	合格	测量者
序号	项目	尺寸要求	使用的量具	测量次数	测量数值	测量平均值(M)	螺纹中径值 $d_2 = M - C_{30}$
1	外螺纹	Tr40 × 10-7e		1	41.18	41.184	$d_2 = 41.184 - 6.39$ $= 34.794$
				2	41.20		
				3	41.17		
				4	41.19		
				5	41.18		

【活动拓展】

　　试测量图 4-17 所示的梯形螺杆，正确选择量针及千分尺，用三针法进行测量，并判断该梯形螺纹的中径尺寸是否符合精度要求。

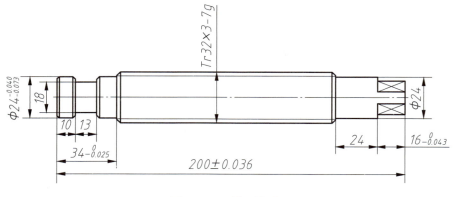

图 4-17　梯形螺杆

【活动评价】

　　根据本次活动的学习情况，认真填写附录 3 所示活动评价表。

【想想练练】

　　1. 试说明 Tr42 × 14(7) - 8c 梯形螺纹标记的含义。

　　2. 用三针法测量梯形螺纹时，螺纹中径的公差范围是如何确定的？

　　3. 通过本次活动，你认为三针法测量零件需要注意哪些问题？

项目五 典型零件的综合检测

学习目标

1. 会正确阅读、分析零件图。
2. 会正确选择测量工具、量具。
3. 会独立检测零件的质量。
4. 会填写零件的检测报告。

【工作情境】

　　从毛坯加工成最终成品往往需要很多工序，对各道工序进行质量检测仅仅保证了本工序的加工质量，由于生产过程中各种生产要素对产品的质量都有较大影响，因此，零件投入使用前必须进行综合检测，据此对零件作出合格、返修与报废的判断。合格的产品可以直接使用，返修产品需要进行再加工，而不合格产品必须作报废处理而不可投入使用。图5-1所示是企业进行零件质量综合检测的现场。

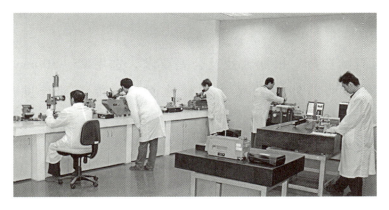

图 5-1　零件质量综合检测现场

任务一　轴套类零件的综合检测

图 5-2 所示是某减速器的传动轴，请正确选择测量工具与测量方法，对该零件进行检测，并判断零件是否合格。

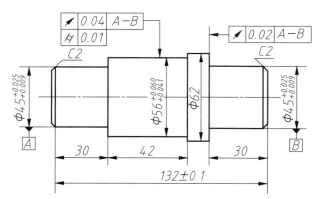

图 5-2　减速器传动轴

右侧文字：
1. 未注公差的自由尺寸
　按 IT12 级加工
2. 轴两端中心孔：B 型

【任务分析】

该传动轴表面上未注公差按 IT12 级精度加工，精度等级较低，因此，对本零件的检测，关键是要控制零件上带有公差要求的尺寸及有几何公差要求的表面。

需要检测的项目如下：

（1）尺寸公差：两处 $\phi 45^{+0.025}_{+0.009}$，$\phi 56^{+0.060}_{+0.041}$，$132\pm0.1$。

（2）几何公差：$\phi 56^{+0.060}_{+0.041}$ 轴段处外圆表面对基准 A、B 的径向圆跳动及圆柱度的测量，$\phi 62$ 右端面对基准 A、B 的轴向圆跳动。

【任务实施】

1. 检测方案确定

（1）尺寸公差量具的选择　根据轴径及公差要求，选用 25~50 mm、50~75 mm 两种型号的外径千分尺，对传动轴外径各尺寸进行检测，对传动轴长度尺寸的检测则选用 0~150 mm 的游标卡尺。

（2）几何公差量具的选择　测量平台、百分表及表架、V 形块、偏摆仪。

2. 测量步骤

（1）使用外径千分尺分别对三处轴段的直径各取 5 个测量点，分别进行测量，记录数据，并填入表 5-1 相应空格处。

（2）使用偏摆仪、带表架的百分表、V 形块及测量平台等相关工具对传动轴的几何误差进行测量，并将数据填入表 5-1 相应空格处。

① 圆柱度误差测量

● 将传动轴紧靠在 V 形块的直角座上（如果被测零件稍大，也可将被测零件放置在平板上，并紧靠直角座），使指示器的触头与传动轴外圆表面接触，并保证始终处于零件的最大直径处。

● 使被测圆柱面紧贴着直角座回转一周，并观察指示器指针的波动，取最大读数与最小读数的差值之半，作为单个截面的圆柱度误差。

● 按上述方法连续测量 5 个横截面，然后取所有截面上所测得的最大误差值作为该零件的圆柱度误差。

② 轴向圆跳动误差测量

● 将传动轴支承在偏摆仪上，并将两中心孔在轴向固定。

● 将百分表指针与传动轴 $\phi62$ 轴肩右端面接触，指针调零。

● 旋转传动轴，观察指示器读数最大差值即为单个测量圆柱面上的轴向跳动误差。

按上述方法测量 5 个点，取各测量面上测得的跳动量中的最大值作为该零件的轴向圆跳动量。

③ 径向圆跳动误差测量

● 将传动轴支承在偏摆仪上，并以两中心孔在轴向固定。

● 将百分表指针与传动轴 $\phi56$ 外圆表面接触，指针调零。

● 在传动轴回转一周过程中将指示器读数的最大值与最小值之差作为单个测量面上的径向圆跳动误差。

● 按上述方法测量 5 个截面，取各截面上测得的跳动量中的最大误差值，作为该零件的径向圆跳动。

3. 检测报告

填写表 5-1 所示的减速器传动轴检测报告单。

表 5-1　减速器传动轴检测报告单

检验记录单

续表

检验记录单									
零件名称	传动轴		测量日期		结论	合格否	测量者		
序号	项目	尺寸要求	测量器具	测量结果/mm					项目判定
				No. 1	No. 2	No. 3	No. 4	No. 5	
1	外径	$\phi 45^{+0.025}_{+0.009}$	外径千分尺 25~50 mm						合格否
2	外径	$\phi 56^{+0.060}_{-0.041}$	外径千分尺 50~75 mm						合格否
3	外径	$\phi 45^{+0.025}_{+0.009}$	外径千分尺 25~50 mm						合格否
4	长度	132 ± 0.1	游标卡尺 0~150 mm						合格否
5	径向圆跳动	0.04	百分表、测量平台、V形块、偏摆仪						合格否
6	圆柱度	0.01							合格否
7	轴向圆跳动	0.02							合格否

【任务拓展】

　　试选用适当的测量方法及量具对图 5-3 所示的衬套进行测量，写出测量步骤，记录测量数据，对零件是否合格进行判断，并完成测量报告。

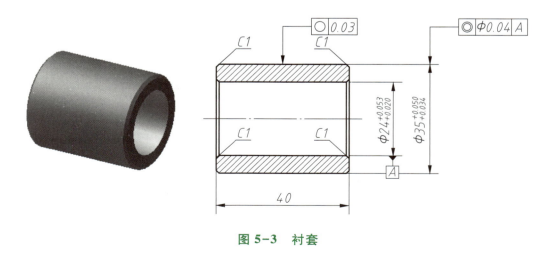

图 5-3　衬套

【任务评价】

根据本次任务的学习情况，认真填写附录 3 所示评价表。

【想想练练】

1. 如果图 5-2 所示的减速器传动轴两端没有中心孔，那么，对传动轴的几何误差应该如何检测？

2. 对图 5-3 所示的衬套进行检测时，应该采取什么定位方法来模拟其中心轴线？

任务二　盘类零件的综合检测

图 5-4 所示为某液压泵缸体端面上的法兰盘，试读懂零件图，选用正确的测量工具与测量方法，对法兰盘的质量进行检测，并判断其是否合格。

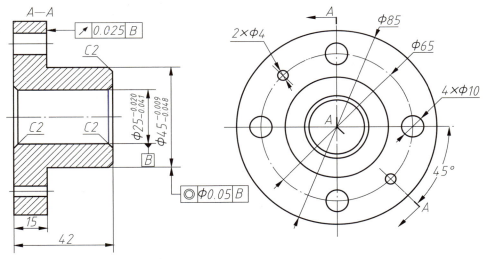

图 5-4　法兰盘

【任务分析】

对法兰盘进行综合检测，重点是判断有公差要求的两个尺寸以及轴向圆跳动误差和同轴度误差是否在规定的公差值范围内。

需要检测的项目：

（1）尺寸公差：$\phi 25^{-0.020}_{-0.041}$，$\phi 45^{-0.009}_{-0.048}$。

（2）几何公差：$\phi 45^{-0.009}_{-0.048}$ 轴段处需要进行同轴度的测量及轴向圆跳动的测量。

【任务实施】

1. 检测方案确定

（1）尺寸量具的选择　零件上有尺寸公差要求的尺寸包含一个外径尺寸和一个内径尺寸，因此选用两把千分尺，一把 5~30 mm 的内测千分尺，另一把 25~50 mm 的外径千分尺。

（2）几何公差量具的选择　偏摆仪，带座百分表，测量平台，心轴。

2. 测量步骤

（1）利用内测千分尺对尺寸 $\phi 25_{-0.041}^{-0.020}$ 进行测量，利用外径千分尺对尺寸 $\phi 45_{-0.048}^{-0.009}$ 进行测量。

（2）利用偏摆仪、百分表、平台等相关工具对所标注的几何公差处进行测量（同轴度、轴向圆跳动）。

① 轴向圆跳动误差测量

测量步骤同任务一。

② 同轴度误差测量

● 将心轴插入法兰盘零件的孔中，并将心轴选作基准。

● 将被测零件支承在偏摆仪上，安装好表座、表架及百分表，调节表架，使百分表的测量头垂直于被测面，且使百分表的压半圈以上，转动表盘调节指针归零。

● 缓慢而均匀地转动工件一周，取最大读数与最小读数的差值，作为该截面的同轴度误差。

● 转动被测零件，按照上述方法测量四个不同截面，取各截面测得的最大读数与最小读数的差值中的最大值作为该零件的同轴度误差。

3. 检测报告

填写表 5-2 所示的法兰盘的检测报告单。

表 5-2　法兰盘的检测报告单

检验记录单

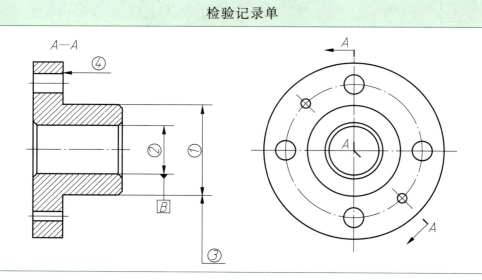

续表

检验记录单										
零件名称	法兰盘		测量日期			结论	合格否	测量者		
序号	项目	尺寸要求	测量器具	测量结果/mm						项目判定
				No. 1	No. 2	No. 3	No. 4	No. 5		
1	外径	$\phi 45^{-0.009}_{-0.048}$	外径千分尺 25~50 mm							合格否
2	内径	$\phi 25^{-0.020}_{-0.041}$	内测千分尺 5~30 mm							合格否
3	同轴度	$\phi 0.05$	偏摆仪、百分表、平台							合格否
4	轴向圆跳动	0.025								合格否

【任务拓展】

　　试测量图 5-5 所示的法兰盘，并选用适当的测量方法及量具对该零件进行测量。写出测量步骤，记录测量数据，对零件是否合格进行判断，同时完成测量报告的填写。

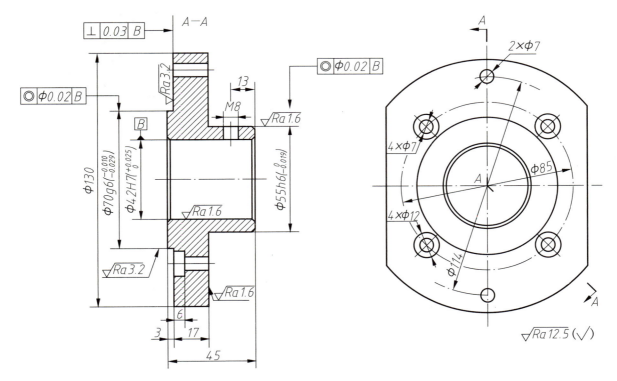

图 5-5　法兰盘

【任务评价】

根据本次任务的学习情况，认真填写附录 3 所示评价表。

【想想练练】

1. 如图 5-5 所示，如果该法兰盘的右端面有轴向圆跳动公差要求，试说明应该如何进行测量？

2. 如图 5-5 所示的法兰盘，如果通过测量得知该法兰盘右端轴径的实际尺寸为 $\phi 55.003$，请问该尺寸是否合格？如果不合格，应该如何处理？

任务三　箱体类零件的综合检测

检测如图 5-6 所示的支承箱，并判断其是否合格。

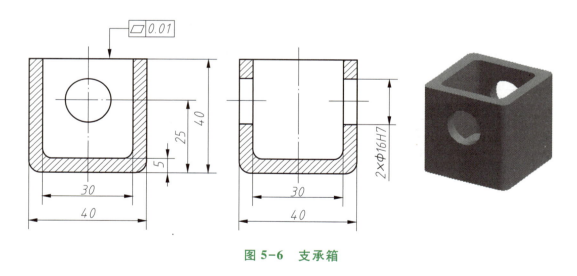

图 5-6　支承箱

【任务分析】

本活动主要检测支承箱上的 $\phi 16H7$ 两个孔的尺寸是否符合要求，并检测支承箱上表面的平面度误差是否在规定的公差范围内。

需要检测的项目：

（1）尺寸公差：$2 \times \phi 16H7$。

（2）几何公差：支承箱上表面的平面度的测量。

【任务实施】

1. 检测方案确定

（1）尺寸量具的选择　根据零件的公差要求，选择一把 5~30 mm 的内测千分尺就可以满足检测要求。

（2）几何公差量具的选择　百分表，平台等。

2. 测量步骤

（1）利用内测千分尺对尺寸 2×φ16H7 进行测量。

（2）利用百分表、平台等相关量具对所标注的平面度进行测量，测量步骤如下：

① 将被测零件支承在平台上，调节被测表面任意三点，使其与平台平行。

② 按一定的布点测量被测表面，同时记录读数。

③ 一般可用百分表最大与最小读数的差值近似地作为平面度误差。

3. 检测报告

填写表 5-3 所示的支承箱的检测报告单。

表 5-3　支承箱的检测报告单

检验记录单									

零件名称	支承箱		测量日期		结论	合格否	测量者		
序号	项目	尺寸要求	测量器具	测量结果/mm					项目判定
				No. 1	No. 2	No. 3	No. 4	No. 5	
1	孔径①	φ16H7	内测千分尺 5~30 mm						合格否
2	孔径②	φ16H7	内测千分尺 5~30 mm						合格否
3	平面度	0.01	百分表、平台						合格否

【任务拓展】

试选适当的测量方法及量具检测图 5-7 所示的支承架，写出测量步骤，记录测量数据，对零件是否合格进行判断，并完成测量报告。

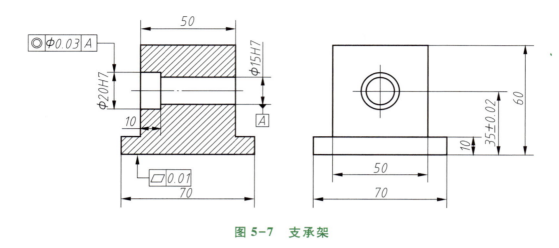

图 5-7 支承架

【任务评价】

根据本次任务的学习情况，认真填写附录 3 所示评价表。

【想想练练】

1. 当图 5-7 所示的支承架测量结果显示箱体零件上的孔尺寸过小不合格时，对该零件应如何处理？

2. 如果图 5-6 所示支承箱上表面要求检测的是相对于底面的平行度误差，试说明如何检测。

项目六 零件的精密测量

学习目标

1. 了解现代精密测量技术的现状及发展。
2. 了解常用现代精密测量仪器的工作原理及运用领域。
3. 了解如何用三坐标测量机测量零件。
4. 了解用表面粗糙度仪测量零件表面粗糙度值。

任务一 用三坐标测量机测量零件

测量图 6-1 所示的零件。

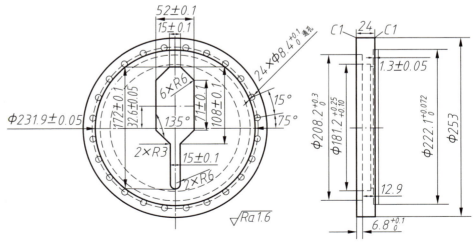

图 6-1 待测零件

【工作情境】

现代精密测量技术是一门集光学、电子、传感器、图像、制造及计算机技术为一体的综合性交叉学科。在现代工业制造技术和科学研究中，测量仪器具有精密化、集成化、智能化的发展趋势。三坐标测量机（CMM）是适应上述发展趋势的典型代表，它几乎可以对生产中的所有三维复杂零件尺寸、形状和相互位置进行高准确度测量。

【相关知识】

三坐标测量机的使用与保养

【任务分析】

本次测量项目为图 6-1 中的 $24 \times \phi 8.4$、$2 \times R6$、15 ± 0.1、52 ± 0.1、32.6 ± 0.05、71 ± 0.1、$\phi 231.9 \pm 0.05$、$\phi 253$。

本次任务采用图 6-2 所示的 MCMS654S 手动三坐标测量机来测量零件。

图 6-2 MCMS654S 手动三坐标测量机

三坐标测量机，也叫三坐标测定器，是一种三维测量仪器，主要用于各种加工品、模具等的各种尺寸以及综合公差的测量。同时也是逆向工程的有效工具，在汽车、航天、模具、机械加工、塑胶等行业有广泛的应用。三坐标测量机测量原理是将被测物体置于三坐标测量空间，可获得被测物体上各测点的坐标位置，根据这些点的空间坐标值，经计算求出被测物体的几何尺寸，几何误差。

三坐标测量机是测量和获得尺寸数据的最有效的方法之一，因为它可以代替多种表面测量工具及昂贵的组合量规，并把复杂的测量任务所需时间从几小时减到几分钟。三坐标测量机的功能是快速准确地评价尺寸数据，为操作者提供关于生产过程状况的有用信息，这与所有的手动测量设备有很大的区别。

根据测量机上测头安置的方位，有三种基本类型：垂直式、水平式和便携式。垂直式三坐标测量机在垂直臂上安装测头。这种测量机的精度比水平式测量机要高，因为桥式结构比较稳固而且移动部件较少，使得它们具有更好的刚性和稳定性。垂直式三坐标测量机包含各种尺寸，可以测量从小齿轮到发动机箱体，甚至是商业飞机的机身。水平式测量机把测头安装在水平轴上，一般应用于测量大型工件，如汽车的车身，以中等水平的精度测量。便携式测量机简化了那些不能移到测量机上的工件和装配件的测量。便携式测量机可以安装在工件或装配件上面甚至是里面，这便允许了对于内部空间的测量，允许用户在装配现场测量，从而节省了移动、运输和测量单个工件的时间。

三坐标测量机可根据应用情况选择不同方式：手动或自动。如果只需要检测几何量和公差都比较简单的工件，或测量各种小批量的不尽相同的工件，手动仪器是最佳选择。如果需要测量大批量相同的工件，或要求较高的精度，要选择直接用计算机控制的测量机。

【任务实施】

（1）检查零件。检查有无影响装夹定位或测量的毛刺、划痕、变形、锈蚀或油污等情况，如果有则应在不破坏其固有加工状态的前提下进行打磨去毛刺，清洗擦拭的处理，以满足测量需要，否则会划伤工作台或造成影像不清等问题。

（2）工件安装定位。工件装夹时应做到位置适当、定位可靠、便于测量、减小变形、安全度高。这里将工件平放在测量机检测台上，测头正下方。

（3）打开图6-3所示的测量机背面的红色气泵开关。

（4）打开联机的计算机，打开软件（图6-4），测量机也随之准备就绪。

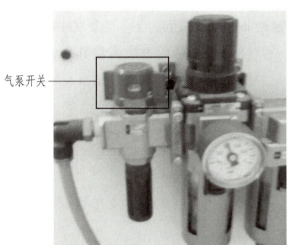

图6-3　气泵开关

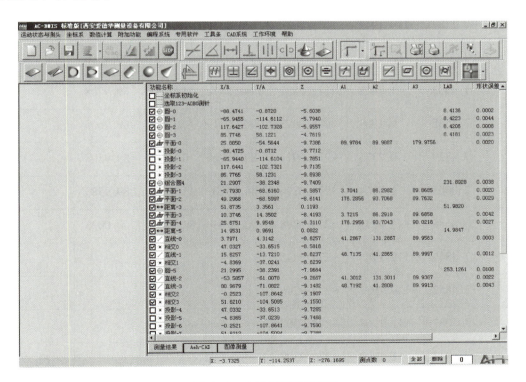

图6-4　AC-DMIS界面

（5）测针选配组合及安装。根据被测工件的具体测量要求选配合适的测针或测针组合。所选择的测针组合既要符合测头座及测头的负载要求，又要便于实际测量。配好的测针之间的螺纹连接以及测针组与测头间的螺纹连接不能松动，但也不要太紧，以免造成测头损伤。

（6）测针校正。当测针安装完毕后必须对所安装的测针进行校正，否则所测的数据是不准确的。根据所测产品的方向、角度把测针调到相应的方向和角度进行校正。校正时必须在标准球面上测点至少五个点，然后进行计算。所得到的值应该在 25.4mm ± 0.002mm 以内，否则应重新校正。

（7）测量。向上合上测量机正面左边上侧的 X、Y、Z 的开关，移动测量机测头，轻轻触碰 $\phi8.4$ 圆的上、下、左、右四个侧面，测量 $\phi8.4$ 圆的直径。

（8）用同样的方法测量其余各尺寸。

（9）打印或导出测量结果（表 6-1）。

表 6-1　坐标值测量报告实例

杭州大精机械有限公司坐标值测量报告

检测人	徐孝涛		数　量		10		图　号	H7817 02W
日期/时间	2009 年 9 月 17 日							
元素名称	X	Y	Z	A1	A2	A3	LAD	F
直线-0	63.4576	−63.2915	−276.1213	44.9642	45.0358	89.9640		0.0125
直线-1	−0.1184	−119.1942	−276.1732	0.0233	90.0036	90.0230		0.0043
直线-2	−63.3786	−63.2944	−276.1576	134.9970	44.9970	89.9886		0.0020
直线-3	−1.9433	−1.7428	−276.0832	134.9787	44.9787	89.9708		0.0036
直线-4	7.5035	0.1904	−276.0873	90.0011	0.0395	89.9605		0.0057
直线-5	−7.4829	0.2375	−276.0911	89.9976	0.0493	89.9508		0.0011
直线-6	2.0003	1.7164	−276.0894	44.9970	45.0031	89.9583		0.0046
平面-0	0.8688	−45.4231	−274.9288	90.0003	89.9967	0.0033		0.0011
相交 0	7.4845	−119.1946	−274.9245					
相交 1	−7.4852	−119.1937	−274.9246					
相交 2	7.5037	−11.1968	−274.9307					
相交 3	−7.4834	−11.1990	−274.9308					

续表

元素名称	X	Y	Z	A1	A2	A3	LAD	F
组合直线 14	−0.0061	−119.1941	−274.9246	0.0036	90.0036	89.9997		0.0000
组合直线 15	0.0031	−11.1979	−274.9307	0.0085	89.9915	89.9997		0.0000
对称 0	0.0042	−65.1960	−274.9277	0.0024	89.9976	89.9997		0.0000
距离-1	0.0000	0.0000	0.0000				107.9962	
直线-17	26.0030	0.2885	−276.1197	89.9946	0.0606	89.9396		0.0160
直线-18	−25.9894	0.2432	−276.1435	90.0024	0.0507	89.9493		0.0041
对称 1	0.0068	−0.0156	−274.9314	89.9985	0.0036	90.0033		0.0000
相交 4	0.0050	−65.1960	−274.9277					
平面-1	1.4867	−119.1888	−276.0878	90.0078	0.2014	90.2013		0.0022
距离-2	0.0074	53.9883	0.1897				53.9886	
距离-3	14.9697	0.0009	0.0001				14.9697	
点-5	0.4116	52.7958	−276.5386					
距离-4	0.0235	171.9843	0.6042				171.9853	

第 1 页　　　　　　　　　　　　　　　　品质部——检测室

（10）测量完毕后三轴必需回归原位，并且应锁紧三轴

（11）关闭气源、电脑。如几天不用必需盖上防尘罩。

注意事项：

1. 测量平台应保持干净，表面完好无损伤。

2. 取放测定物时应注意不要伤及测量平台表面。

3. X、Y、Z 三轴应保持干净，严禁裸手触摸，每天必须进行清洁。

4. 测定采点时应注意，测头应慢慢接触待测点。

【任务拓展】

学校有相关设备的，可以尝试着测量一下。

【任务评价】

根据本次任务的学习情况，认真填写附录 3 所示评价表。

【想想练练】

1. 三坐标测量机有哪些类型，各适用于什么场合？
2. 用三坐标测量机测量和用量具、仪器测量，各有什么优缺点？

任务二　用表面粗糙度仪测量零件表面粗糙度

用表面粗糙度仪测量图 6-1 所示零件的表面粗糙度。

【工作情境】

表面质量的特性是零件最重要的特性之一，在计量科学中表面质量的检测具有重要的地位。最早人们是用标准样件或样块，通过肉眼观察或用手触摸，对表面粗糙度做出定性的综合评定。1929 年德国的施马尔茨（G. Schmalz）首先对表面微观不平度的深度进行了定量测量。1936 年美国的艾卜特（E. J. Abbott）研制成功第一台车间用的测量表面粗糙度的轮廓仪。1940 年英国 Taylor-Hobson 公司研制成功表面粗糙度测量仪"泰吕塞夫（TALYSURF）"。以后，各国又相继研制出多种测量表面粗糙度的仪器。目前，测量迅速方便、测值精度较高、应用最为广泛的就是采用针描法原理的表面粗糙度测量仪。

【相关知识】

1. 了解表面粗糙度的测量方法
2. 了解便携式表面粗糙度测量仪的使用与保养

【任务分析】

用便携式表面粗糙度仪来完成本次活动，如图 6-5 所示。

【任务实施】

（1）打开电源，屏幕全屏显示，在"嘀"的一声后，进入测量状态。测量参数，取样长度将保持上次关机前的状态。

（2）在启动传感器前选择测量参数 Ra 以及取样长度 0.8 mm（取样长度的选择见表 6-2）。

图 6-5　用 TR100 便携式表面
粗糙度仪测量工件表面

开机后，轻触键 将依次选择测量参数 Ra、Rz，轻触键 将依次选择 0.25、0.8、2.5 各挡。

当发现仪器测值超差时，可用标准样板对仪器进行校准，标准样板 Ra 值为 $0.1 \sim 10 \mu m$。

校准方法：在米制、关机状态下，按住 键，同时打开电源开关，听到"嘀"的一声后，松开 键，此时进入校准状态，在屏幕左上方显示"CAL"，数值部分显示校准样板的 Ra 值。

注意：在进入校准功能后，如要放弃校准，则可以直接关机。在校准后，显示"—E—"则表示校准超限，此次校准失败。此时可重新调整 Ra 值，再次进行校准。用户根据自身常用的测量范围选择样板进行校准，可显著提高测量精度。

表 6-2 推荐的取样长度

$Ra/\mu m$	$Rz/\mu m$	取样推荐长度/mm
40 ~ 80	160 ~ 320	8
20 ~ 40	80 ~ 160	
10 ~ 20	40 ~ 80	
5 ~ 10	20 ~ 40	2.5
2.5 ~ 5	10 ~ 20	
1.25 ~ 2.5	6.3 ~ 10	0.8
0.63 ~ 1.25	3.2 ~ 6.3	
0.32 ~ 0.63	1.6 ~ 3.2	
0.25 ~ 0.32	1.25 ~ 1.6	0.25
0.20 ~ 0.25	1.0 ~ 1.25	
0.16 ~ 0.20	0.8 ~ 1.0	
0.125 ~ 0.16	0.63 ~ 0.8	
0.1 ~ 0.125	0.5 ~ 0.63	
0.08 ~ 0.1	0.4 ~ 0.5	
0.063 ~ 0.08	0.32 ~ 0.4	
0.05 ~ 0.063	0.25 ~ 0.32	
0.04 ~ 0.05	0.2 ~ 0.25	

续表

$Ra/\mu m$	$Rz/\mu m$	取样推荐长度/mm
0.032 ～ 0.04	0.16 ～ 0.2	
0.025 ～ 0.032	0.125 ～ 0.16	0.25
0.02 ～ 0.025	0.1 ～ 0.125	
0.016 ～ 0.02	0.08 ～ 0.1	
0.0125 ～ 0.016	0.063 ～ 0.08	
0.01 ～ 0.0125	0.05 ～ 0.063	0.08
0.008 ～ 0.01	0.04 ～ 0.05	
0.0063 ～ 0.008	0.032 ～ 0.04	
≤ 0.0063	≤ 0.032	

（3）将仪器部位 ▶◀ 对准被测区域，轻按启动键，传感器移动，在"嘀、嘀"两声后，测量结束，屏幕显示测量值，记录数值。

（4）在无任何操作后，每隔30s，蜂鸣一声，提示用户关机，避免电池用尽。

保养方法：

1. 避免碰撞、剧烈振动、积尘、潮湿、油污、强磁场等情况。
2. 每次测量完毕，要及时关掉电源，以保持电池能量，并应及时对电池充电。
3. 注意控制充电时间，一般以10～15h为宜。因超长时间充电会对电池造成损害。
4. 仪器每次用毕，要将仪器的保护盖轻轻盖好，避免剧烈的振动对传感器造成损坏。
5. 随机标准样板应精心保护，以免划伤后造成校准仪器失准。

【任务拓展】

学校有相关设备的，可以尝试着测量一下。

【任务评价】

根据本次任务的学习情况，认真填写附录3所示评价表。

【想想练练】

1. 表面粗糙度对零件使用情况有什么影响？
2. 目前有哪些表面粗糙度测量的方法？最常用的表面粗糙度测量方法是什么？

任务三 用立式光学比较仪测量轴径

使用立式光学比较仪测量塞规的轴径。

【工作情境】

企业的计量工作是全面质量管理的重要组成部分，它不但为质量管理提供强有力的计量保证，同时还为经营管理提供必需的科学数据和信息。计量室是专门从事计量测试、计量管理、标准量值传递、车间用计量器具的检定与维修等工作的部门。计量室中对轴、孔的检验，常用的计量器具有机械比较仪、立式光学比较仪、万能测长仪和大型工具显微镜等。

【相关知识】

1. 了解用相对测量法测量线性尺寸的原理
2. 了解光学比较仪的结构并熟悉它们的使用方法
3. 熟悉量块的使用与保养方法

【任务分析】

本次任务使用立式光学比较仪来测量塞规的轴径。

立式光学比较仪是一种采用量块或标准零件与试件相比较的方式测量物体外形尺寸的仪器，主要用于五等精度量块，一级精度柱形规及各种圆柱形、球形、线形等物体的直径或板形物体的厚度的精密测量，对被测件作微小位移测量；亦可用来控制精密零件的加工。图6-6所示为立式光学比较仪结构图，图6-7所示为立式光学比较仪工作原理图。

量仪示值零位调整步骤：

（1）粗调整：松开横臂固定螺钉4，转动横臂升降螺圈3，使横臂5缓缓下降，直到测头与量块测量面接触，且从目镜9的视场中看到刻线尺影像为止，然后拧紧横臂固定螺钉4。

（2）细调整：松开光管固定螺钉11，转动细调螺旋6，使刻线尺零刻线的影像接近固定指示线（±10格以内），然后拧紧光管固定螺钉11（图6-8a）。

（3）微调整：转动微调螺旋10，使零刻线影像与固定指示线重合（图6-8b）。

（4）按动测杆提升器13，使测头起落数次，检查示值稳定性。要求示值零位变动不超过1/10格。

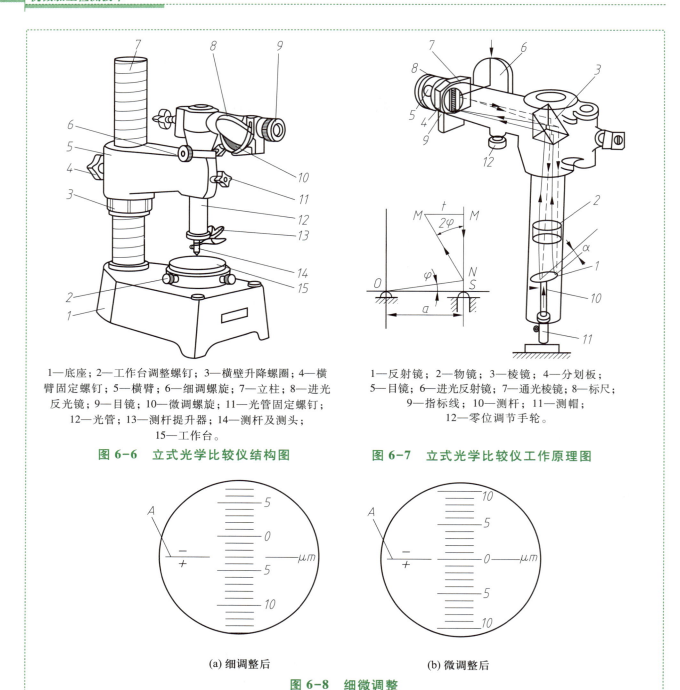

1—底座；2—工作台调整螺钉；3—横壁升降螺圈；4—横臂固定螺钉；5—横臂；6—细调螺旋；7—立柱；8—进光反光镜；9—目镜；10—微调螺旋；11—光管固定螺钉；12—光管；13—测杆提升器；14—测杆及测头；15—工作台。

图 6-6　立式光学比较仪结构图

1—反射镜；2—物镜；3—棱镜；4—分划板；5—目镜；6—进光反射镜；7—通光棱镜；8—标尺；9—指标线；10—测杆；11—测帽；12—零位调节手轮。

图 6-7　立式光学比较仪工作原理图

(a) 细调整后

(b) 微调整后

图 6-8　细微调整

【任务实施】

1. 测量步骤

（1）选择测头。测头的形状有球形、刀刃形及平面形三种。所选择测头的形状与被测表面的几何形状有关。根据测头与被测表面的接触应为点接触的准则，选择测头并把它安装在测杆上。

（2）根据被测塞规工作要求的公称尺寸或某一极限尺寸选取几块量块，并把它们研合成量块组。

（3）通过变压器接通电源。如图 6-6 所示，拧动四个工作台调整螺钉 2，调整工作台 15 的位置，工作台始终与测杆及测头 14 的移动方向垂直。

（4）将量块组放在工作台 15 的中央，并使测杆及测头 14 对准量块的上测量面的中心点，进行量仪示值零位调整。

（5）按动测杆提升器 13，使测头抬起，取下量块组，换上被测塞规，松开测杆提升器 13，使测头与被测塞规工作表面接触。如图 6-9 所示，在塞规工作表面均布的三个横截面 Ⅰ、Ⅱ、Ⅲ 上，分别对相互垂直的两个直径位置进行测量。测量时，将被测塞规工作表面在测头下缓慢地前后移动，读取示值中的最大值，即为被测塞规工作部分实际尺寸相对于量块组尺寸的偏差。

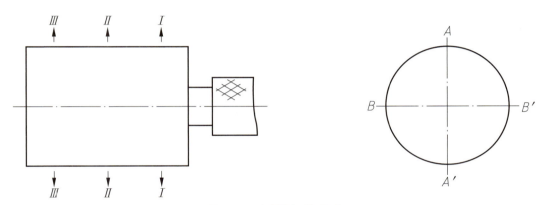

图 6-9 测量部位示意

（6）取下被测塞规，再放上量块组复查示值零位，其零位误差不得超过 $\pm 0.5\,\mu m$。

（7）确定被测塞规工作部分的实际尺寸，并按塞规图样或 GB/T 1957—2006《光滑极限量规技术条件》，判断被测塞规的合格性。

2．检测报告

仿照附录 2 自己设计检测报告单，将测量数据填入其中，并对数据进行处理。

【任务拓展】

学校有相关设备的，可以尝试着测量一下。

【知识拓展】

一、现代精密测量技术的现状及发展

1．坐标测量机的最新发展

（1）误差自补偿技术

德国 Carl Zeiss 公司最近开发的 CNC 小型坐标测量机采用热不灵敏陶瓷技术（Thermally

insensitive ceramic technology），使坐标测量机的测量精度在 17. 8 ~25. 6 ℃范围不受温度变化的影响。国内自行开发的数控测量机软件系统 PMIS 包括多项系统误差补偿、系统参数识别和优化技术。

（2）丰富的软件技术

Carl Zeiss 公司开发的坐标测量机软件 STRATA-UX，其测量数据可以从 CMM 直接传送到随机配备的统计软件中去，对测量系统给出的检验数据进行实时分析与管理，根据要求对其进行评估。依据此数据库，可自动生成各种统计报表，包括 X-BAR&R 及 X_ BAR&S 图表、频率直方图、运行图、目标图等。美国 Brown & Sharp 公司的 Chameleon CMM 测量系统所配支持软件可提供包括齿轮、板材、凸轮及凸轮轴共计 50 多个测量模块。日本 Mitutoyo 公司研制开发了一种图形显示及绘图程序，用于辅助操作者进行实际值与要求测量值之间的比较，具有多种输出方式。

（3）系统集成应用技术

各坐标测量机制造商独立开发的不同软件系统往往互不相容，也因知识产权的问题，这些工程软件是封闭的。系统集成技术主要解决不同软件包之间的通信协议和软件翻译接口问题。利用系统集成技术可以把 CAD、CAM 及 CAT 以在线工作方式集成在一起，形成数学实物仿形制造系统，大大缩短了模具制造及产品仿制生产周期。

（4）非接触测量

基于三角测量原理的非接触激光光学探头应用于 CMM 上代替接触式探头。通过探头的扫描可以准确获得表面粗糙度信息，进行表面轮廓的三维立体测量及用于模具特征线的识别。该方法克服了接触测量的局限性。将激光双三角测量法应用于 1700 mm × 1200 mm × 200 mm 测量范围内，对复杂曲面轮廓进行测量，其精度可高于 1 μm。英国 IMS 公司生产的 IMP 型坐标测量机可以配用其他厂商提供的接触式或非接触式探头。

2. 微/纳米级精密测量技术

科学技术向微小领域发展，由毫米级、微米级继而涉足到纳米级，使人类在改造自然方面深入到原子、分子级的纳米层次。

纳米级加工技术可分为加工精度和加工尺度两方面。加工精度由本世纪初的最高精度微米级发展到现有的几个纳米数量级。金刚石车床加工的超精密衍射光栅精度已达 1 nm，实验室已经可以制作 10 nm 以下的线、柱、槽。

微/纳米技术的发展，离不开微米级和纳米级的测量技术与设备。具有微米及亚微米测量精度的几何量与表面形貌测量技术已经比较成熟，如 HP5528 双频激光干涉测量系统（精度 10 nm）、具有 1 nm 精度的光学触针式轮廓扫描系统等。因为扫描隧道显微镜（STM，Scanning Tunning Microscope）、扫描探针显微镜（SPM，Scanning Probe Microscope）和原子力显微镜（AFM，Atomic Force Microscope）能实现直接观测原子尺度结构，使得进行原子级的操作、装配和改形等加工处理成为近几年来的前沿技术。

以 SPM 为基础的观测技术只能给出纳米级分辨率，却不能给出表面结构准确的纳米尺寸。扫描 X 射线干涉测量技术是微/纳米测量中的一项新技术，它利用单晶硅的晶面间距作为亚纳米精度的基本测量单位，加上 X 射线波长比可见光波波长小两个数量级，有可能实现 0.01 nm 的分辨率。该方法较其他方法对环境要求低，测量稳定性好，结构简单，是一种很有潜力的方便的纳米测量技术。

软 X 射线显微镜、扫描光声显微镜等用以检测微结构表面形貌及内部结构的微缺陷。迈克尔逊型差拍干涉仪，适于超精细加工表面轮廓的测量，如抛光表面、精研表面等，测量表面轮廓高度变化最小可达 0.5 nm，横向（X,Y 向）测量精度可达 0.3~1.0 μm。渥拉斯顿型差拍双频激光干涉仪在微观表面形貌测量中，其分辨率可达 0.1 nm 数量级。

光学干涉显微镜测量技术，包括外差干涉测量技术、超短波长干涉测量技术、基于 F-P（Febry-Perot）标准的测量技术等，随着新技术、新方法的利用亦具有纳米级测量精度。

3. 图像识别测量技术

随着近代科学技术的发展，几何尺寸与形位测量已从简单的一维、二维坐标或形体发展到复杂的三维物体测量，从宏观物体发展到微观领域。被测物体图像中包含有丰富的信息，为此，正确地进行图像识别测量已经成为测量技术中的重要课题。图像识别测量过程包括：（1）图像信息的获取；（2）图像信息的加工处理，特征提取；（3）判断分类。计算机及相关计算技术完成信息的加工处理及判断分类，这些涉及各种不同的识别模型及数理统计知识。

物体三维轮廓测量方法中，有三坐标法、干涉法、莫尔等高线法及相位法等。而非接触电荷耦合器件 CCD（Charge Coupled Device）是近年来发展很快的一种图像信息传感器。它具有自扫描、光电灵敏度高、几何尺寸精确及敏感单元尺寸小等优点。随着集成度的不断提高、结构改善及材料质量的提高，它已日益广泛地应用于工业非接触图像识别测量系统中。在对物体三维轮廓尺寸进行检测时，采用软件或硬件的方法，如解调法、多项式插值函数法及概率统计法等，测量系统分辨率可达微米级。也有将 CCD 应用于测量半导体材料表面应力的研究。

全息照相测量技术是 20 世纪 60 年代发展起来的一种新技术，用此技术可以观察到被测物体的空间像。

二、常用现代精密测量仪器

1. 各类硬度计的工作原理及应用领域

（1）硬度及硬度计

硬度表示材料抵抗硬物体压入其表面的能力。它是金属材料的重要性能指标之一。一般硬度越高，耐磨性越好。常用的硬度分类里氏硬度、布氏硬度（HB）、洛氏硬度（HR）、HRB、HRC、维氏硬度（HV）、韦氏硬度（HW）等。

（2）各类硬度计及其适用场合（表6-3）

表6-3　各类硬度计及其适用场合

名称	示意图	适用场合	备注
数显维氏硬度计	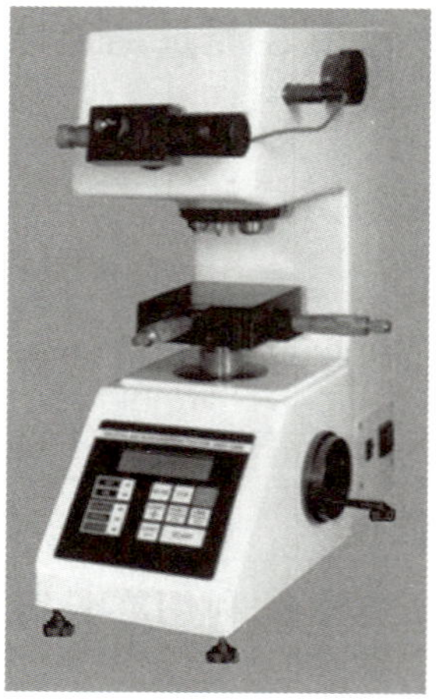	适用于黑色金属、有色金属、IC薄片、表面涂层、层压金属；玻璃、陶瓷、玛瑙、宝石、薄塑料等；炭化层荷淬火硬化层的深度及梯度的硬度测试	
HR-150A型手动洛氏硬度计	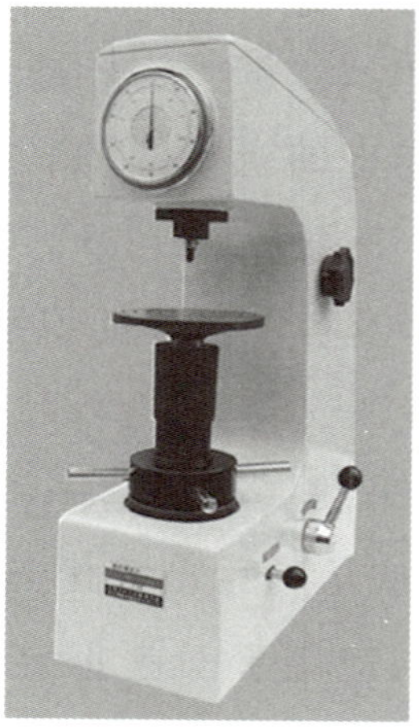	特别适合热处理和模具加工工场现场使用，可进行黑色金属和有色金属的洛氏硬测定	操作方便，是一种普及型的洛氏硬度试验机，广泛适用于工厂车间和计量部门
THL-300笔式里氏硬度计	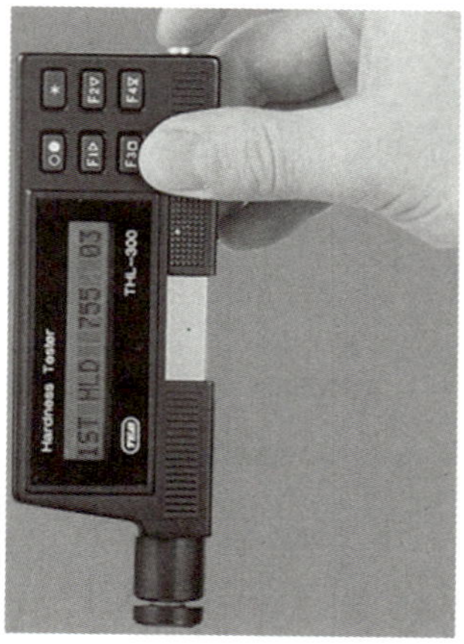	已安装的机械或永久性组装部件；模具型腔等试验空间很狭小的工件；大型工件大范围内多处测量部位的快速检验；压力容器、汽车发电机及其他设备失效分析；轴承及其他零件生产流水线；金属材料仓库的材料区分等	

续表

名称	示意图	适用场合	备注
HB-3000 型布氏硬度计	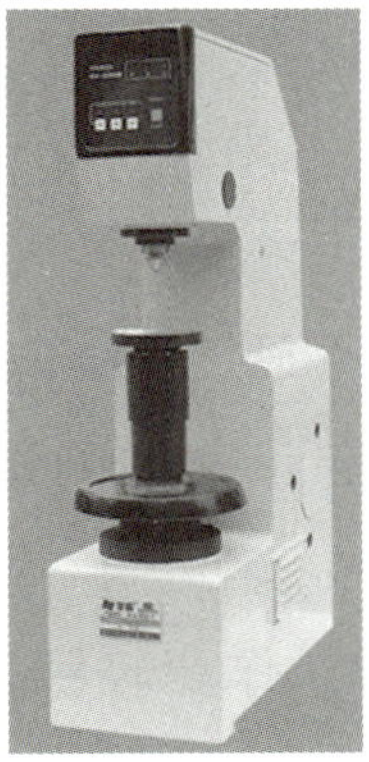	可用来测定未经淬火钢、铸铁、有色金属及质地较软的轴承合金材料的布氏硬度	机械式换向开关；HB-3000B 型布氏硬度计采用了电子换向开关
LX-C 邵氏硬度计	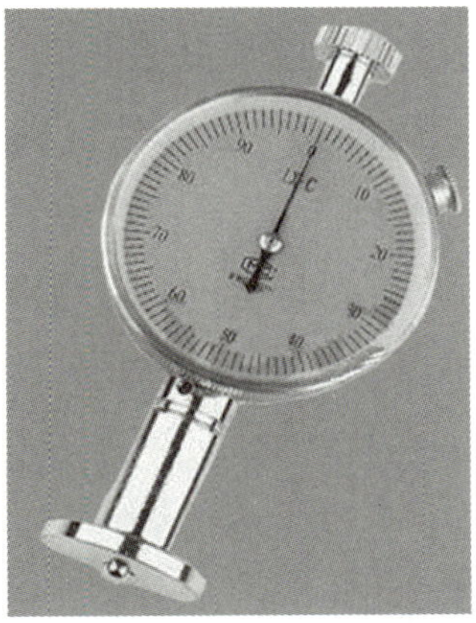	适用于泡沫、海绵、鞋用微孔材料等低硬度材料的硬度测试	
W-20 韦氏硬度计（钳式）	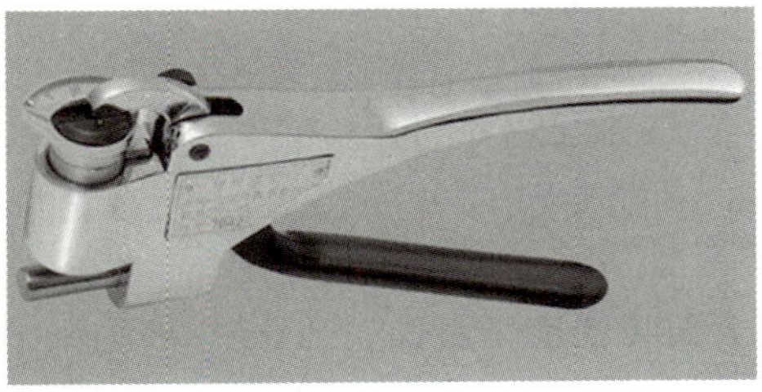	适于测试铝合金型材、管材和板材，特别适于在生产现场、销售现场或施工现场对产品硬度进行快速、非破坏性的合格检查	轻便、可以现场快速测试铝合金硬度的仪器，一卡硬度值直接读出

（3）硬度计注意事项

除了各种硬度计使用时特殊注意事项外，还有一些共同的应注意的问题，现列举如下：

硬度计本身会产生两种误差：一是其零件的变形、移动造成的误差；二是硬度参数超出规定标准所造成的误差。

洛氏硬度各标度有一事实上的适用范围，要根据规定正确选用。

校准硬度计用的标准块不能两面使用，因标准面与背面硬度不一定一致。一般规定标准块自标定日起一年内有效。

在更换压头或砧座时，注意接触部位要擦干净。换好后，要用一定硬度的钢样测试几次，直到连续两次所得硬度值相同为止。

硬度计调整后，开始测量硬度时，第一个测试点不用。待第一点测试完，硬度计处于正常运行机制状态后再正式测试，记录测得的硬度值。

在试件允许的情况下，一般选不同部位至少测试三个硬度值，取平均值作为试件的硬度值。

对形状复杂的试件要采用相应形状的垫块，固定后方可测试。对圆试件一般要放在 V 形块上测试。

加载前要检查加载手柄是否放在卸载位，加载时动作要轻稳。加载完毕，加载手柄应放在卸载位置。

2. 精密表面粗糙度仪的工作原理及应用领域

按传感器工作原理，表面粗糙度仪可分为电感式、感应式及压电式等。传统的表面粗糙度测量仪由传感器、驱动器、指零表、记录器和工作台等主要部件组成，从输入到输出全过程均为模拟信号。而在传统的表面粗糙度测量仪的基础上，采用计算机系统对其进行改进后（图 6-10），通过模-数转换将模拟量转换为数字量送入计算机进行处理，使得仪器在测量参数的数量、测量精度、测量方式的灵活性、测量结果输出的直观性等方面有了极大的提高。

图 6-10 表面粗糙度测量仪

3. 精密工具显微镜的工作原理与应用领域

工具显微镜是一种以影像法作为测量基础的精密光学仪器。加上测量刀后能以光切法进行更精确的测量，可用于一般长度和角度的测量，对外形较复杂的零件，如螺纹量规、各种成形刀具及轮廓样板等尤为适用。

工具显微镜分小型、大型、万能和重型四种，它们的测量精度和测量范围虽然不同，但基本原理是一致的。图 6-11 所示是一台万能工具显微镜，图 6-12 所示是万能工具显微镜的光学系统图。

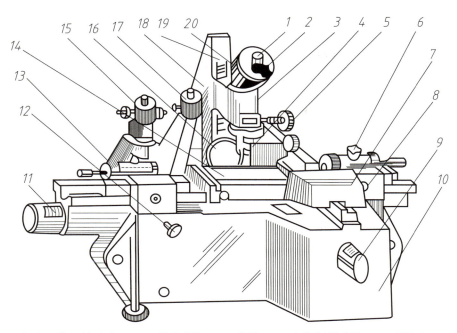

1—目镜；2—角度示值目镜及光源；3—锁紧螺钉；4—镜筒；5—立柱倾斜手轮；6—顶尖座；7—纵向滑台；
8—纵向滑台锁紧轮；9—纵向微调；10—底座；11—横向微调；12—横向滑台锁紧轮；13—横向滑台；14—工作台；
15—横向标尺；16—光阑；17—纵向标尺；18—升降手轮；19—立柱；20—米字线旋转手轮。

图 6-11　万能工具显微镜

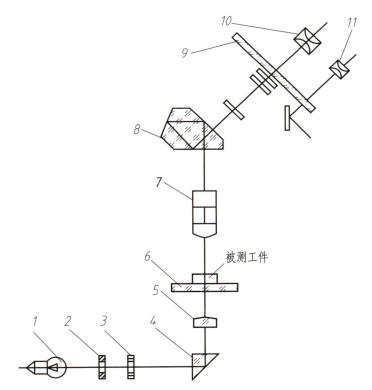

1—光源；2—光阑；3—滤光片；4—反射镜；5—聚光镜；6—玻璃工作台；
7—物镜组；8—反射棱镜；9—米字线分划板；10—目镜；11—角度示值目镜。

图 6-12　万能工具显微镜的光学系统图

4. 光学投影仪的工作原理与应用领域

应用领域：如图 6-13 所示，光学投影仪（又名测量投影仪、数字式投影仪、数显投影仪、轮廓投影仪）是集光学、精密机械、电子测量于一体的精密测量仪器，适用于精密工业二维尺寸测量。如：模具、工具、弹簧、螺丝、齿轮、凸轮、螺纹、钟表等，在自动车床加工、航空等工业的制造、品管检验与学术研究及计量单位有广泛使用。

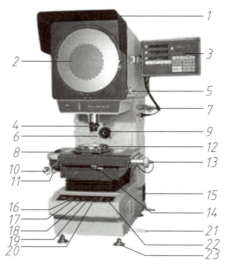

1—遮光罩；2—投影屏；3—DC-3000 数据处理器；4—物镜；5—投影屏微调手轮；6—反射聚光镜调节螺丝；7—数据处理器、打印机接口；8—工作台；9—反射聚光镜；10—Y 轴微动手轮；11—Y 轴粗动手柄；12—圆旋转工作台，待选配件；13—X 轴微动手轮；14—X 轴粗动手柄；15—电源板；16—电源开关；17—透射灯开关；18—透射灯高亮开关；19—反射灯开关；20—变色片开关，待选配件；21—搬动仪器铁棒；22—升降拨动手柄；23—仪器调平衡螺栓。

图 6-13　光学投影仪

光学投影仪的工作原理如图 6-14 所示，将被测工件 Y1 置于工作台上，在透射或反射照明下，它由物镜 U 成放大实像 Y2（反像）并经光镜 G1 与 G2 反射于投影屏 M 的磨砂面上，成像出一个与工件完全反向的影像。当 U 物镜与 G1 反光镜换成正像系统后，Y2 即成为正像，成像出一个与工件完全正向的影像。工件通过放大成像于投影屏上，利用工作台上的数位测量系统（电子尺和 DC-3000 数据处理器或 QC200 数据处理器组成）对投影屏上的工件轮廓进行坐标测量；也可利用投影屏旋转角度数显系统对工件轮廓的角度进行测量。图中 F1 和 F2 为照明光源反光镜；S1 与 S2 分别为透射和反射照明光源，U1 与 U2 分别为透射和反射聚光镜，视工件的性质，两种照明可分别使用，也可同时使用。半反半透镜 B 仅仅在反射照明时才使用。

【任务评价】

根据本次任务的学习情况，认真填写附录 3 所示评价表。

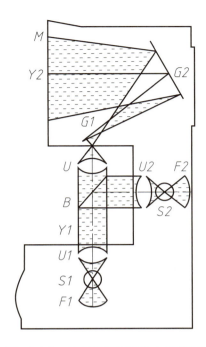

图 6-14　光学投影仪的工作原理

【想想练练】

1. 用立式光学比较仪测量零件属于什么测量方法？

2. 仪器的测量范围和示值范围有何不同？

3. 常用的现代精密测量仪器还有不少，去找找有关的资料，选一种向同学介绍一下。

附表 1　标准公差数值（摘自 GB/T 1800.1—2009）　　　　μm

公称尺寸 （mm）		标准公差等级																	
		IT1	IT2	IT3	IT4	IT5	IT6	IT7	IT8	IT9	IT10	IT11	IT12	IT13	IT14	IT15	IT16	IT17	IT18
大于	至	μm											mm						
—	3	0.8	1.2	2	3	4	6	10	14	25	40	60	0.1	0.14	0.25	0.4	0.6	1	1.4
3	6	1	1.5	2.5	4	5	8	12	18	30	48	75	0.12	0.18	0.3	0.48	0.75	1.2	1.8
6	10	1	1.5	2.5	4	6	9	15	22	36	58	90	0.15	0.22	0.36	0.58	0.9	1.5	2.2
10	18	1.2	2	3	5	8	11	18	27	43	70	110	0.18	0.27	0.43	0.7	1.1	1.8	2.7
18	30	1.5	2.5	4	6	9	13	21	33	52	84	130	0.21	0.33	0.52	0.84	1.3	2.1	3.3
30	50	1.5	2.5	4	7	11	16	25	39	62	100	160	0.25	0.39	0.62	1	1.6	2.5	3.9
50	80	2	3	5	8	13	19	30	46	74	120	190	0.3	0.46	0.74	1.2	1.9	3	4.6
80	120	2.5	4	6	10	15	22	35	54	87	140	220	0.35	0.54	0.87	1.4	2.2	3.5	5.4
120	180	3.5	5	8	12	18	25	40	63	100	160	250	0.4	0.63	1	1.6	2.5	4	6.3
180	250	4.5	7	10	14	20	29	46	72	115	185	290	0.46	0.72	1.15	1.85	2.9	4.6	7.2
250	315	6	8	12	16	23	32	52	81	130	210	320	0.52	0.81	1.3	2.1	3.2	5.2	8.1
315	400	7	9	13	18	25	36	57	89	140	230	360	0.57	0.89	1.4	2.3	3.6	5.7	8.9
400	500	8	10	15	20	27	40	63	97	155	250	400	0.63	0.97	1.55	2.5	4	6.3	9.7
500	630	9	11	16	22	32	44	70	110	175	280	440	0.7	1.1	1.75	2.8	4.4	7	11
630	800	10	13	18	25	36	50	80	125	200	320	500	0.8	1.25	2	3.2	5	8	12.5
800	1000	11	15	21	28	40	56	90	140	230	360	560	0.9	1.4	2.3	3.6	5.6	9	14
1000	1250	13	18	24	33	47	66	105	165	260	420	660	1.05	1.65	2.6	4.2	6.6	10.5	16.5
1250	1600	15	21	29	39	55	78	125	195	310	500	780	1.25	1.95	3.1	5	7.8	12.5	19.5
1600	2000	18	25	35	46	65	92	150	230	370	600	920	1.5	2.3	3.7	6	9.2	15	23
2000	2500	22	30	41	55	78	110	175	280	440	700	1100	1.75	2.8	4.4	7	11	17.5	28
2500	3150	26	36	50	68	96	135	210	330	540	860	1350	2.1	3.3	5.4	8.6	13.5	21	33

注：1. 公称尺寸大于 500 mm 的 IT1~IT5 的标准公差数值为试行的。

　　2. 公称尺寸小于或等于 1 mm 时，无 IT14~IT18。

附表2　轴的极限偏差数值（摘自 GB/T 1800.2—2009）

单位：μm

公称尺寸/mm 大于／至	a 11	b 11	c 11*	d 9*	e 8	f 7*	g 6*	h 5	h 6*	h 7*	h 8	h 9*	h 10	h 11*	h 12	js 6	k 6*	m 6	n 6*	p 6*	r 6	s 6*	t 6	u 6	v 6	x 6	y 6	z 6
—／3	−270/−330	−140/−200	−60/−120	−20/−45	−14/−28	−6/−16	−2/−8	0/−4	0/−6	0/−10	0/−14	0/−25	0/−40	0/−60	0/−100	±3	+6/0	+8/+2	+10/+4	+12/+6	+16/+10	+20/+14	—	+24/+18	—	+26/+20	—	+32/+26
3／6	−270/−345	−140/−215	−70/−145	−30/−60	−20/−38	−10/−22	−4/−12	0/−5	0/−8	0/−12	0/−18	0/−30	0/−48	0/−75	0/−120	±4	+9/+1	+12/+4	+16/+8	+20/+12	+23/+15	+27/+19	—	+31/+23	—	+36/+28	—	+43/+35
6／10	−280/−370	−150/−240	−80/−170	−40/−76	−25/−47	−13/−28	−5/−14	0/−6	0/−9	0/−15	0/−22	0/−36	0/−58	0/−90	0/−150	±4.5	+10/+1	+15/+6	+19/+10	+24/+15	+28/+19	+32/+23	—	+37/+28	—	+43/+34	—	+51/+42
10／14	−290/−400	−150/−260	−95/−205	−50/−93	−32/−59	−16/−34	−6/−17	0/−8	0/−11	0/−18	0/−27	0/−43	0/−70	0/−110	0/−180	±5.5	+12/+1	+18/+7	+23/+12	+29/+18	+34/+23	+39/+28	—	+44/+33	—	+51/+40	—	+61/+50
14／18	−290/−400	−150/−260	−95/−205	−50/−93	−32/−59	−16/−34	−6/−17	0/−8	0/−11	0/−18	0/−27	0/−43	0/−70	0/−110	0/−180	±5.5	+12/+1	+18/+7	+23/+12	+29/+18	+34/+23	+39/+28	—	+44/+33	+50/+39	+56/+45	—	+71/+60
18／24	−300/−430	−160/−290	−110/−240	−65/−117	−40/−73	−20/−41	−7/−20	0/−9	0/−13	0/−21	0/−33	0/−52	0/−84	0/−130	0/−210	±6.5	+15/+2	+21/+8	+28/+15	+35/+22	+41/+28	+48/+35	—	+54/+41	+60/+47	+67/+54	+76/+63	+86/+73
24／30	−300/−430	−160/−290	−110/−240	−65/−117	−40/−73	−20/−41	−7/−20	0/−9	0/−13	0/−21	0/−33	0/−52	0/−84	0/−130	0/−210	±6.5	+15/+2	+21/+8	+28/+15	+35/+22	+41/+28	+48/+35	+54/+41	+61/+48	+68/+55	+77/+64	+88/+75	+101/+88
30／40	−310/−470	−170/−330	−120/−280	−80/−142	−50/−89	−25/−50	−9/−25	0/−11	0/−16	0/−25	0/−39	0/−62	0/−100	0/−160	0/−250	±8	+18/+2	+25/+9	+33/+17	+42/+26	+50/+34	+59/+43	+64/+48	+78/+60	+84/+68	+96/+80	+110/+94	+128/+112
40／50	−320/−480	−180/−340	−130/−290	−80/−142	−50/−89	−25/−50	−9/−25	0/−11	0/−16	0/−25	0/−39	0/−62	0/−100	0/−160	0/−250	±8	+18/+2	+25/+9	+33/+17	+42/+26	+50/+34	+59/+43	+70/+54	+86/+70	+97/+81	+113/+97	+130/+114	+152/+136
50／65	−340/−530	−190/−380	−140/−330	−100/−174	−60/−106	−30/−60	−10/−29	0/−13	0/−19	0/−30	0/−46	0/−74	0/−120	0/−190	0/−300	±9.5	+21/+2	+30/+11	+39/+20	+51/+32	+60/+41	+72/+53	+85/+66	+106/+87	+121/+102	+141/+122	+163/+144	+190/+172
65／80	−360/−550	−200/−390	−150/−340	−100/−174	−60/−106	−30/−60	−10/−29	0/−13	0/−19	0/−30	0/−46	0/−74	0/−120	0/−190	0/−300	±9.5	+21/+2	+30/+11	+39/+20	+51/+32	+62/+43	+78/+59	+94/+75	+121/+102	+139/+120	+165/+146	+193/+174	+229/+210
80／100	−380/−600	−220/−440	−170/−390	−120/−207	−72/−126	−36/−71	−12/−34	0/−15	0/−22	0/−35	0/−54	0/−87	0/−140	0/−220	0/−350	±11	+25/+3	+35/+13	+45/+23	+59/+37	+73/+51	+93/+71	+113/+91	+146/+124	+168/+146	+200/+178	+236/+214	+280/+258
100／120	−410/−680	−240/−460	−180/−400	−120/−207	−72/−126	−36/−71	−12/−34	0/−15	0/−22	0/−35	0/−54	0/−87	0/−140	0/−220	0/−350	±11	+25/+3	+35/+13	+45/+23	+59/+37	+76/+54	+101/+79	+126/+104	+166/+144	+194/+172	+232/+210	+276/+254	+332/+310

续表

公称尺寸/mm 大于	至	a	b	c	d	e	f	g	h								js	k	m	n	p	r	s	t	u	v	x	y	z
代号／公差等级		11	11	11*	9*	8	7*	6*	5	6*	7*	8	9*	10	11*	12	6	6*	6	6*	6*	6	6*	6	6	6	6	6	6
120	140	-450 -710	-260 -510	-200 -450	-145 -245	-85 -148	-43 -83	-14 -39	0 -18	0 -25	0 -40	0 -63	0 -100	0 -160	0 -250	0 -400	±12.5	+28 +3	+40 +15	+52 +27	+68 +43	+88 +63	+117 +92	+147 +122	+195 +170	+227 +202	+273 +248	+325 +300	+390 +365
140	160	-520 -770	-280 -530	-210 -460	-145 -245	-85 -148	-43 -83	-14 -39	0 -18	0 -25	0 -40	0 -63	0 -100	0 -160	0 -250	0 -400	±12.5	+28 +3	+40 +15	+52 +27	+68 +43	+90 +65	+125 +100	+159 +134	+215 +190	+253 +228	+305 +280	+365 +340	+440 +415
160	180	-580 -830	-310 -560	-230 -480	-145 -245	-85 -148	-43 -83	-14 -39	0 -18	0 -25	0 -40	0 -63	0 -100	0 -160	0 -250	0 -400	±12.5	+28 +3	+40 +15	+52 +27	+68 +43	+93 +68	+133 +108	+171 +146	+235 +210	+277 +252	+335 +310	+405 +380	+490 +465
180	200	-660 -950	-340 -630	-240 -530	-170 -285	-100 -172	-50 -96	-15 -44	0 -20	0 -29	0 -46	0 -72	0 -115	0 -185	0 -290	0 -460	±14.5	+33 +4	+46 +17	+60 +31	+79 +50	+106 +77	+151 +122	+195 +166	+265 +236	+313 +284	+379 +350	+454 +425	+549 +520
200	225	-740 -1030	-380 -670	-260 -550	-170 -285	-100 -172	-50 -96	-15 -44	0 -20	0 -29	0 -46	0 -72	0 -115	0 -185	0 -290	0 -460	±14.5	+33 +4	+46 +17	+60 +31	+79 +50	+109 +80	+159 +130	+209 +180	+287 +258	+339 +310	+414 +385	+499 +470	+604 +575
225	250	-820 -1110	-420 -710	-280 -570	-170 -285	-100 -172	-50 -96	-15 -44	0 -20	0 -29	0 -46	0 -72	0 -115	0 -185	0 -290	0 -460	±14.5	+33 +4	+46 +17	+60 +31	+79 +50	+113 +84	+169 +140	+225 +196	+313 +284	+369 +340	+454 +425	+549 +520	+669 +640
250	280	-920 -1240	-480 -800	-300 -620	-190 -320	-110 -191	-56 -108	-17 -49	0 -23	0 -32	0 -52	0 -81	0 -130	0 -210	0 -320	0 -520	±16	+36 +4	+52 +20	+66 +34	+88 +56	+126 +94	+190 +158	+250 +218	+347 +315	+417 +385	+507 +475	+612 +580	+742 +710
280	315	-1050 -1370	-540 -860	-330 -650	-190 -320	-110 -191	-56 -108	-17 -49	0 -23	0 -32	0 -52	0 -81	0 -130	0 -210	0 -320	0 -520	±16	+36 +4	+52 +20	+66 +34	+88 +56	+130 +98	+202 +170	+272 +240	+382 +350	+457 +425	+557 +525	+682 +650	+822 +790
315	355	-1200 -1560	-600 -960	-360 -720	-210 -350	-125 -214	-62 -119	-18 -54	0 -25	0 -36	0 -57	0 -89	0 -140	0 -230	0 -360	0 -570	±18	+40 +4	+57 +21	+73 +37	+98 +62	+144 +108	+226 +190	+304 +268	+426 +390	+511 +475	+626 +590	+766 +730	+936 +900
355	400	-1350 -1710	-680 -1040	-400 -760	-210 -350	-125 -214	-62 -119	-18 -54	0 -25	0 -36	0 -57	0 -89	0 -140	0 -230	0 -360	0 -570	±18	+40 +4	+57 +21	+73 +37	+98 +62	+150 +114	+244 +208	+330 +294	+471 +435	+566 +530	+696 +660	+856 +820	+1036 +1000
400	450	-1500 -1900	-760 -1160	-440 -840	-230 -385	-135 -232	-68 -131	-20 -60	0 -27	0 -40	0 -63	0 -97	0 -155	0 -250	0 -400	0 -630	±20	+45 +5	+63 +23	+80 +40	+108 +68	+166 +126	+272 +232	+370 +330	+530 +490	+635 +595	+780 +740	+960 +920	+1140 +1100
450	500	-1650 -2050	-840 -1240	-480 -880	-230 -385	-135 -232	-68 -131	-20 -60	0 -27	0 -40	0 -63	0 -97	0 -155	0 -250	0 -400	0 -630	±20	+45 +5	+63 +23	+80 +40	+108 +68	+172 +132	+292 +252	+400 +360	+580 +540	+700 +660	+860 +820	+1040 +1000	+1290 +1250

注：带 * 者为优先选用。

附表3　孔的极限偏差数值(摘自 GB/T 1800.2—2009)

单位：μm

代号		A	B	C	D	E	F	G	H							JS		K			M	N		P		R	S	T	U
公差等级		11	11	11*	9*	8	8*	7*	6	7	8*	9*	10	11*	12	6	7	6	7*	8	7	6	7*	6	7*	7	7*	7	7
公称尺寸/mm 大于	至																												
—	3	+330/+270	+200/+140	+120/+60	+45/+20	+28/+14	+20/+6	+12/+2	+6/0	+10/0	+14/0	+25/0	+40/0	+60/0	+100/0	±3	±5	0/-6	0/-10	0/-14	-2/-12	-4/-10	-4/-14	-6/-12	-6/-16	-10/-20	-14/-24	—	-18/-28
3	6	+345/+270	+215/+140	+145/+70	+60/+30	+38/+20	+28/+10	+16/+4	+8/0	+12/0	+18/0	+30/0	+48/0	+75/0	+120/0	±4	±6	+2/-6	+3/-9	+5/-13	0/-12	-5/-13	-4/-16	-9/-17	-8/-20	-11/-23	-15/-27	—	-19/-31
6	10	+370/+280	+240/+150	+170/+80	+76/+40	+47/+25	+35/+13	+20/+5	+9/0	+15/0	+22/0	+36/0	+58/0	+90/0	+150/0	±4.5	±7	+2/-7	+5/-10	+6/-16	0/-15	-7/-16	-4/-19	-12/-21	-9/-24	-13/-28	-17/-32	—	-22/-37
10	14	+400/+290	+260/+150	+205/+95	+93/+50	+59/+32	+43/+16	+24/+6	+11/0	+18/0	+27/0	+43/0	+70/0	+110/0	+180/0	±5.5	±9	+2/-9	+6/-12	+8/-19	0/-18	-9/-20	-5/-23	-15/-26	-11/-29	-16/-34	-21/-39	—	-26/-44
14	18	+400/+290	+260/+150	+205/+95	+93/+50	+59/+32	+43/+16	+24/+6	+11/0	+18/0	+27/0	+43/0	+70/0	+110/0	+180/0	±5.5	±9	+2/-9	+6/-12	+8/-19	0/-18	-9/-20	-5/-23	-15/-26	-11/-29	-16/-34	-21/-39	—	-26/-44
18	24	+430/+300	+290/+160	+240/+110	+117/+65	+73/+40	+53/+20	+28/+7	+13/0	+21/0	+33/0	+52/0	+84/0	+130/0	+210/0	±6.5	±10	+2/-11	+6/-15	+10/-23	0/-21	-11/-24	-7/-28	-18/-31	-14/-35	-20/-41	-27/-48	—	-33/-54
24	30	+430/+300	+290/+160	+240/+110	+117/+65	+73/+40	+53/+20	+28/+7	+13/0	+21/0	+33/0	+52/0	+84/0	+130/0	+210/0	±6.5	±10	+2/-11	+6/-15	+10/-23	0/-21	-11/-24	-7/-28	-18/-31	-14/-35	-20/-41	-27/-48	-33/-54	-40/-61
30	40	+470/+310	+330/+170	+280/+120	+142/+80	+89/+50	+64/+25	+34/+9	+16/0	+25/0	+39/0	+62/0	+100/0	+160/0	+250/0	±8	±12	+3/-13	+7/-18	+12/-27	0/-25	-12/-28	-8/-33	-21/-37	-17/-42	-25/-50	-34/-59	-39/-64	-51/-76
40	50	+480/+320	+340/+180	+290/+130	+142/+80	+89/+50	+64/+25	+34/+9	+16/0	+25/0	+39/0	+62/0	+100/0	+160/0	+250/0	±8	±12	+3/-13	+7/-18	+12/-27	0/-25	-12/-28	-8/-33	-21/-37	-17/-42	-25/-50	-34/-59	-45/-70	-61/-86
50	65	+530/+340	+380/+190	+330/+140	+174/+100	+106/+60	+76/+30	+40/+10	+19/0	+30/0	+46/0	+74/0	+120/0	+190/0	+300/0	±9.5	±15	+4/-15	+9/-21	+14/-32	0/-30	-14/-33	-9/-39	-26/-45	-21/-51	-30/-60	-42/-72	-55/-85	-76/-106
65	80	+550/+360	+390/+200	+340/+150	+174/+100	+106/+60	+76/+30	+40/+10	+19/0	+30/0	+46/0	+74/0	+120/0	+190/0	+300/0	±9.5	±15	+4/-15	+9/-21	+14/-32	0/-30	-14/-33	-9/-39	-26/-45	-21/-51	-32/-62	-48/-78	-64/-94	-91/-121
80	100	+600/+380	+440/+220	+390/+170	+207/+120	+126/+72	+90/+36	+47/+12	+22/0	+35/0	+54/0	+87/0	+140/0	+220/0	+350/0	±11	±17	+4/-18	+10/-25	+16/-38	0/-35	-16/-38	-10/-45	-30/-52	-24/-59	-38/-73	-58/-93	-78/-113	-111/-146
100	120	+630/+410	+460/+240	+400/+180	+207/+120	+126/+72	+90/+36	+47/+12	+22/0	+35/0	+54/0	+87/0	+140/0	+220/0	+350/0	±11	±17	+4/-18	+10/-25	+16/-38	0/-35	-16/-38	-10/-45	-30/-52	-24/-59	-41/-76	-66/-101	-91/-126	-131/-166

续表

代号	公称尺寸/mm 大于	至	A	B	C	D	E	F	G	H	H	H	H	H	H	H	JS	JS	K	K	K	M	N	N	P	P	R	S	T	U
公差等级			11	11	11*	9*	8	8*	7*	6	7*	8*	9*	10	11*	12	6	7	6	7*	8	7	6	7*	6	7*	7	7*	7	7
	120	140	+710/+460	+510/+260	+450/+200	+245/+145	+148/+85	+106/+43	+54/+14	+25/0	+40/0	+63/0	+100/0	+160/0	+250/0	+400/0	±12.5	±20	+4/-21	+12/-28	+20/-43	0/-40	-20/-45	-12/-52	-36/-61	-28/-68	-48/-88	-77/-117	-107/-147	-155/-195
	140	160	+770/+520	+530/+280	+460/+210																						-50/-90	-85/-125	-119/-159	-175/-215
	160	180	+830/+580	+560/+310	+480/+230																						-53/-93	-93/-133	-131/-171	-195/-235
	180	200	+950/+660	+630/+340	+530/+240	+285/+170	+172/+100	+122/+50	+61/+15	+29/0	+46/0	+72/0	+115/0	+185/0	+290/0	+460/0	±14.5	±23	+5/-24	+13/-33	+22/-50	0/-46	-22/-51	-14/-60	-41/-70	-33/-79	-60/-106	-105/-151	-149/-195	-219/-265
	200	225	+1030/+740	+670/+380	+550/+260																						-63/-109	-113/-159	-163/-209	-241/-287
	225	250	+1110/+820	+710/+420	+570/+280																						-67/-113	-123/-169	-179/-225	-267/-313
	250	280	+1240/+920	+800/+480	+620/+300	+320/+190	+191/+110	+137/+56	+69/+17	+32/0	+52/0	+81/0	+130/0	+210/0	+320/0	+520/0	±16	±26	+5/-27	+16/-36	+25/-56	0/-52	-25/-57	-14/-66	-47/-79	-36/-88	-74/-126	-138/-190	-198/-250	-295/-347
	280	315	+1370/+1050	+860/+540	+650/+330																						-78/-130	-150/-202	-220/-272	-330/-382
	315	355	+1560/+1200	+960/+600	+720/+360	+350/+210	+214/+125	+151/+62	+75/+18	+36/0	+57/0	+89/0	+140/0	+230/0	+360/0	+570/0	±18	±28	+7/-29	+17/-40	+28/-61	0/-57	-26/-62	-16/-73	-51/-87	-41/-98	-87/-144	-169/-226	-247/-304	-369/-426
	355	400	+1710/+1350	+1040/+680	+760/+400																						-93/-150	-187/-244	-273/-330	-414/-471
	400	450	+1900/+1500	+1160/+760	+840/+440	+385/+230	+232/+135	+165/+68	+83/+20	+40/0	+63/0	+97/0	+155/0	+250/0	+400/0	+630/0	±20	±31	+8/-32	+18/-45	+29/-68	0/-63	-27/-67	-17/-80	-55/-95	-45/-108	-103/-166	-209/-272	-307/-370	-467/-530
	450	500	+2050/+1650	+1240/+840	+880/+480																						-109/-172	-229/-292	-337/-400	-517/-580

注：带 * 者为优先选用。

附表 4   线性尺寸的一般公差（摘自 GB/T 1804—2008）

公差等级	尺 寸 分 段			
	0.5~3	>3~6	>6~30	>30~120
f（精密级）	±0.05	±0.05	±0.1	±0.15
m（中等级）	±0.1	±0.1	±0.2	±0.3
c（粗糙级）	±0.2	±0.3	±0.5	±0.8
v（最粗级）	—	±0.5	±1	±1.5

公差等级	尺 寸 分 段			
	>120~400	>400~1000	>1000~2000	>2000~4000
f（精密级）	±0.2	±0.3	±0.5	—
m（中等级）	±0.5	±0.8	±1.2	±2
c（粗糙级）	±1.2	±2	±3	±4
v（最粗级）	±2.5	±4	±6	±8

附表 5   基孔制优先、常用配合（摘自 GB/1801-2009）

基准孔	轴																							
	a	b	c	d	e	f	g	h	js	k	m	n	p	r	s	t	u	v	x	y	z			
	间隙配合								过渡配合				过盈配合											
H6						$\frac{H6}{f5}$	$\frac{H6}{g5}$	$\frac{H6}{h5}$	$\frac{H6}{js5}$	$\frac{H6}{k5}$	$\frac{H6}{m5}$	$\frac{H6}{n5}$	$\frac{H6}{p5}$	$\frac{H6}{r5}$	$\frac{H6}{s5}$	$\frac{H6}{t5}$								
H7						$\frac{H7}{f6}$	$\frac{H7}{g6}$	$\frac{H7}{h6}$	$\frac{H7}{js6}$	$\frac{H7}{k6}$	$\frac{H7}{m6}$	$\frac{H7}{n6}$	$\frac{H7}{p6}$	$\frac{H7}{r6}$	$\frac{H7}{s6}$	$\frac{H7}{t6}$	$\frac{H7}{u6}$	$\frac{H7}{v6}$	$\frac{H7}{x6}$	$\frac{H7}{y6}$	$\frac{H7}{z6}$			
H8				$\frac{H8}{e7}$	$\frac{H8}{f7}$	$\frac{H8}{g7}$	$\frac{H8}{h7}$	$\frac{H8}{js7}$	$\frac{H8}{k7}$	$\frac{H8}{m7}$	$\frac{H8}{n7}$	$\frac{H8}{p7}$	$\frac{H8}{r7}$	$\frac{H8}{s7}$	$\frac{H8}{t7}$	$\frac{H8}{u7}$							
H8				$\frac{H8}{d8}$	$\frac{H8}{e8}$	$\frac{H8}{f8}$		$\frac{H8}{h8}$																
H9			$\frac{H9}{c9}$	$\frac{H9}{d9}$	$\frac{H9}{e9}$	$\frac{H9}{f9}$		$\frac{H9}{h9}$																
H10			$\frac{H10}{c10}$	$\frac{H10}{d10}$				$\frac{H10}{h10}$																
H11	$\frac{H11}{a11}$	$\frac{H11}{b11}$	$\frac{H11}{c11}$	$\frac{H11}{d11}$				$\frac{H11}{h11}$																
H12		$\frac{H12}{b12}$						$\frac{H12}{h12}$																

注：1. $\frac{H6}{n5}$、$\frac{H7}{p6}$ 在公称尺寸≤3 mm 和 $\frac{H8}{r7}$ 的公称尺寸≤100 mm 时，为过渡配合；

2. 标注 ◤符号者为优先配合。

附表6　基轴制优先、常用配合(摘自 GB/T 1801—2009)

基准孔	孔																				
	A	B	C	D	E	F	G	H	JS	K	M	N	P	R	S	T	U	V	X	Y	Z
	间隙配合								过渡配合				过盈配合								
h5						$\frac{F6}{h5}$	$\frac{G6}{h5}$	$\frac{H6}{h5}$	$\frac{JS6}{h5}$	$\frac{K6}{h5}$	$\frac{M6}{h5}$	$\frac{N6}{h5}$	$\frac{P6}{h5}$	$\frac{R6}{h5}$	$\frac{S6}{h5}$	$\frac{T6}{h5}$					
h6						$\frac{F7}{h6}$	$\frac{G7}{h6}$	$\frac{H7}{h6}$	$\frac{JS7}{h6}$	$\frac{K7}{h6}$	$\frac{M7}{h6}$	$\frac{N7}{h6}$	$\frac{P7}{h6}$	$\frac{R7}{h6}$	$\frac{S7}{h6}$	$\frac{T7}{h6}$	$\frac{U7}{h6}$				
h7					$\frac{E8}{h7}$	$\frac{F8}{h7}$		$\frac{H8}{h7}$	$\frac{JS8}{h7}$	$\frac{K8}{h7}$	$\frac{M8}{h7}$	$\frac{N8}{h7}$									
h8				$\frac{D8}{h8}$	$\frac{E8}{h8}$	$\frac{F8}{h8}$		$\frac{H8}{h8}$													
h9				$\frac{D9}{h9}$	$\frac{E9}{h9}$	$\frac{F9}{h9}$		$\frac{H9}{h9}$													
h10				$\frac{D10}{h10}$				$\frac{H10}{h10}$													
h11	$\frac{A11}{h11}$	$\frac{B11}{h11}$	$\frac{C11}{h11}$	$\frac{D11}{h11}$				$\frac{H11}{h11}$													
h12		$\frac{B12}{h12}$						$\frac{H12}{h12}$													

注:标注▶符号者为优先配合。

附表7　普通螺纹的基本尺寸(摘自 GB/T 196—2003、GB/T 193—2003)　　　mm

公称直径(大径)D、d			螺距 P	中径 D_2 或 d_2	小径 D_1 或 d_1	公称直径(大径)D、d			螺距 P	中径 D_2 或 d_2	小径 D_1 或 d_1
第一系列	第二系列	第三系列				第一系列	第二系列	第三系列			
2.5			0.45	2.208	2.013	5			**0.8**	4.480	4.134
			0.35	2.273	2.121				0.5	4.675	4.459
3			**0.5**	2.675	2.459		5.5		0.5	5.175	4.959
			0.35	2.773	2.621	6			**1**	5.350	4.917
	3.5		**0.6**	3.110	2.850				0.75	5.513	5.188
			0.35	3.273	3.121			7	**1**	6.350	5.917
4			**0.7**	3.545	3.242				0.75	6.513	6.188
			0.5	3.675	3.459	8			**1.25**	7.188	6.647
	4.5		**0.75**	4.013	3.688				1	7.350	6.917
			0.5	4.175	3.959				0.75	7.513	7.188

续表

第一系列	第二系列	第三系列	螺距 P	中径 D_2 或 d_2	小径 D_1 或 d_1	第一系列	第二系列	第三系列	螺距 P	中径 D_2 或 d_2	小径 D_1 或 d_1
		9	**1.25**	8.188	7.647		18		1	17.350	16.917
		9	1	8.350	7.917				**2.5**	18.376	17.294
		9	0.75	8.513	8.188	20			2	18.701	17.835
10			**1.5**	9.026	8.376	20			1.5	19.026	18.376
10			1.25	9.188	8.647	20			1	19.350	18.917
10			1	9.350	8.917		22		**2.5**	20.376	19.294
10			0.75	9.513	9.188		22		2	20.701	19.835
		11	**1.5**	10.026	9.376		22		1.5	21.026	20.376
		11	1	10.350	9.917		22		1	21.350	20.917
		11	0.75	10.513	10.188	24			**3**	22.051	20.752
12			**1.75**	10.863	10.106	24			2	22.701	21.835
12			1.5	11.026	10.376	24			1.5	23.026	22.376
12			1.25	11.188	10.647	24			1	23.350	22.917
12			1	11.350	10.917			25	2	23.701	22.835
	14		**2**	12.701	11.835			25	1.5	24.026	23.376
	14		1.5	13.026	12.376			25	1	24.350	23.917
	14		1.25	13.188	12.674			26	1.5	25.026	24.376
	14		1	13.350	12.917	27			**3**	25.051	23.752
		15	1.5	14.026	13.376	27			2	25.701	24.835
		15	1	14.350	13.917	27			1.5	26.026	25.376
16			**2**	14.701	13.835	27			1	26.350	25.917
16			1.5	15.026	14.376			28	2	26.701	25.835
16			1	15.350	14.917			28	1.5	27.026	26.376
		17	1.5	16.026	15.376			28	1	27.350	26.917
		17	1	16.350	15.917		30		3.5	27.727	26.211
	18		**2.5**	16.376	15.294		30		3	28.051	26.752
	18		2	16.701	15.835		30		2	28.701	27.835
	18		1.5	17.026	16.376		30		1.5	29.026	28.376

续表

公称直径(大径)D、d			螺距P	中径D₂或d₂	小径D₁或d₁	公称直径(大径)D、d			螺距P	中径D₂或d₂	小径D₁或d₁
第一系列	第二系列	第三系列		中径D_2或d_2	小径D_1或d_1	第一系列	第二系列	第三系列		中径D_2或d_2	小径D_1或d_1
30			1	29.350	28.917		40		2	38.701	37.835
		32	2	30.701	29.835				1.5	39.026	38.376
		33	1.5	31.026	30.376	42			**4.5**	39.077	37.129
	33		**3.5**	30.727	29.211				4	39.402	37.67
	33		(3)	31.051	29.752				3	40.051	38.752
			2	31.701	30.835				2	40.701	39.835
			1.5	32.026	31.376				1.5	41.026	40.376
		35	1.5	34.026	33.376				**4.5**	42.077	40.129
			4	33.402	31.67				4	42.402	40.67
36			3	34.051	32.752		45		3	43.051	41.752
36			2	34.701	33.835				2	43.701	42.835
			1.5	35.026	34.376				1.5	44.026	43.376
		38	1.5	37.026	36.376				**5**	44.752	42.587
	39		4	36.402	34.67				4	45.402	43.67
	39		3	37.051	35.752	48			3	46.051	44.752
			2	37.701	36.835				2	46.701	45.835
			1.5	38.026	37.376				1.5	47.026	46.376
		40	3	38.051	36.752						

注：直径优先选用第一系列，其次是用第二系列，第三系列尽可能不用。

附表8　内、外螺纹的基本偏差(摘自 GB/T 197—2018)

螺距P/mm	基本偏差/μm									
	内螺纹		外螺纹							
	G	H	a	b	c	d	e	f	g	h
	EI	EI	es	es	es	es	es	es	es	es
0.2	+17	0	—	—	—	—	—	—	−17	0
0.25	+18	0	—	—	—	—	—	—	−18	0
0.3	+18	0	—	—	—	—	—	—	−18	0

续表

螺距	基本偏差/μm									
	内 螺 纹		外 螺 纹							
P/mm	G	H	a	b	c	d	e	f	g	h
	EI	EI	es	es	es	es	es	es	es	es
0.35	+19	0	—	—	—	—	—	−34	−19	0
0.4	+19	0	—	—	—	—	—	−34	−19	0
0.45	+20	0	—	—	—	—	—	−35	−20	0
0.5	+20	0	—	—	—	—	−50	−36	−20	0
0.6	+21	0	—	—	—	—	−53	−36	−21	0
0.7	+22	0	—	—	—	—	−56	−38	−22	0
0.75	+22	0	—	—	—	—	−56	−38	−22	0
0.8	+24	0	—	—	—	—	−60	−38	−24	0
1	+26	0	−290	−200	−130	−85	−60	−40	−26	0
1.25	+28	0	−295	−205	−135	−90	−63	−42	−28	0
1.5	+32	0	−300	−212	−140	−95	−67	−45	−32	0
1.75	+34	0	−310	−220	−145	−100	−71	−48	−34	0
2	+38	0	−315	−225	−150	−105	−71	−52	−38	0
2.5	+42	0	−325	−235	−160	−110	−80	−58	−42	0
3	+48	0	−335	−245	−170	−115	−85	−63	−48	0
3.5	+53	0	−345	−255	−180	−125	−90	−70	−53	0
4	+60	0	−355	−265	−190	−130	−95	−75	−60	0
4.5	+63	0	−365	−280	−200	−135	−100	−80	−63	0
5	+71	0	−375	−290	−212	−140	−106	−85	−71	0
5.5	+75	0	−385	−300	−224	−150	−112	−90	−75	0
6	+80	0	−395	−310	−236	−155	−118	−95	−80	0
8	+100	0	−425	−340	−265	−180	−140	−118	−100	0

附表 9　外螺纹中径公差(T_{d_2})（摘自 GB/T 197—2018）　　　　μm

公称直径 d/mm		螺距	公 差 等 级						
>	≤	P/mm	3	4	5	6	7	8	9
		0.2	24	30	38	48	—	—	—
0.99	1.4	0.25	26	34	42	53	—	—	—
		0.3	28	36	45	56	—	—	—

续表

公称直径 d/mm		螺距	公 差 等 级						
>	≤	P/mm	3	4	5	6	7	8	9
1.4	2.8	0.2	25	32	40	50	—	—	—
		0.25	28	36	45	56	—	—	—
		0.35	32	40	50	63	80	—	—
		0.4	34	42	53	67	85	—	—
		0.45	36	45	56	71	90	—	—
2.8	5.6	0.35	34	42	53	67	85	—	—
		0.5	38	48	60	75	95	—	—
		0.6	42	53	67	85	106	—	—
		0.7	45	56	71	90	112	—	—
		0.75	45	56	71	90	112	—	—
		0.8	48	60	75	95	118	150	190
5.6	11.2	0.75	50	63	80	100	125	—	—
		1	56	71	90	112	140	180	224
		1.25	60	75	95	118	150	190	236
		1.5	67	85	106	132	170	212	265
11.2	22.4	1	60	75	95	118	150	190	236
		1.25	67	85	106	132	170	212	265
		1.5	71	90	112	140	180	224	280
		1.75	75	95	118	150	190	236	300
		2	80	100	125	160	200	250	315
		2.5	85	106	132	170	212	265	335
22.4	45	1	63	80	100	125	160	200	250
		1.5	75	95	118	150	190	236	300
		2	85	106	132	170	212	265	335
		3	100	125	160	200	250	315	400
		3.5	106	132	170	212	265	335	425
		4	112	140	180	224	280	355	450
		4.5	118	150	190	236	300	375	475
45	90	1.5	80	100	125	160	200	250	315
		2	90	112	140	180	224	280	355
		3	106	132	170	212	265	335	425
		4	118	150	190	236	300	375	475
		5	125	160	200	250	315	400	500
		5.5	132	170	212	265	335	425	530
		6	140	180	224	280	355	450	560
90	180	2	95	118	150	190	236	300	375
		3	112	140	180	224	280	355	450
		4	125	160	200	250	315	400	500
		6	150	190	236	300	375	475	600
		8	170	212	265	335	425	530	670

续表

公称直径 d/mm		螺距 P/mm	公 差 等 级						
>	≤		3	4	5	6	7	8	9
180	355	3	125	160	200	250	315	400	500
		4	140	180	224	280	355	450	560
		6	160	200	250	315	400	500	630
		8	180	224	280	355	450	560	710

附表 10　内螺纹中径公差（T_{D_2}）（摘自 GB/T 197—2018）　　　μm

公称直径 D/mm		螺距 P/mm	公 差 等 级				
>	≤		4	5	6	7	8
0.99	1.4	0.2	40	—	—	—	—
		0.25	45	56	—	—	—
		0.3	48	60	75	—	—
1.4	2.8	0.2	42	—	—	—	—
		0.25	48	60	—	—	—
		0.35	53	67	85	—	—
		0.4	56	71	90	—	—
		0.45	60	75	95	—	—
2.8	5.6	0.35	56	71	90	—	—
		0.5	63	80	100	125	—
		0.6	71	90	112	140	—
		0.7	75	95	118	150	—
		0.75	75	95	118	150	—
		0.8	80	100	125	160	200
5.6	11.2	0.75	85	106	132	170	—
		1	95	118	150	190	236
		1.25	100	125	160	200	250
		1.5	112	140	180	224	280
11.2	22.4	1	100	125	160	200	250
		1.25	112	140	180	224	280
		1.5	118	150	190	236	300
		1.75	125	160	200	250	315
		2	132	170	212	265	335
		2.5	140	180	224	280	355
22.4	45	1	106	132	170	212	—
		1.5	125	160	200	250	315
		2	140	180	224	280	355
		3	170	212	265	335	425
		3.5	180	224	280	355	450
		4	190	236	300	375	475
		4.5	200	250	315	400	500

续表

公称直径 D/mm		螺距	公 差 等 级				
>	≤	P/mm	4	5	6	7	8
45	90	1.5	132	170	212	265	335
		2	150	190	236	300	375
		3	180	224	280	355	450
		4	200	250	315	400	500
		5	212	265	335	425	530
		5.5	224	280	355	450	560
		6	236	300	375	475	600
90	180	2	160	200	250	315	400
		3	190	236	300	375	475
		4	212	265	335	425	530
		6	250	315	400	500	630
		8	280	355	450	560	710
180	355	3	212	265	335	425	530
		4	236	300	375	475	600
		6	265	335	425	530	670
		8	300	375	475	600	750

附表 11　普通螺纹标准量针直径 d_0 值及中径参数　　　　mm

螺距 P	标准量针直径 d_0	中径参数	螺距 P	标准量针直径 d_0	中径参数
0.2	0.118	0.181	1.25	0.724	1.090
0.25	0.142	0.210	1.5	0.866	1.299
0.3	0.185	0.295	1.75	1.008	1.509
0.35	0.185	0.252	2	1.157	1.739
0.4	0.250	0.404	2.5	1.441	2.158
0.45	0.250	0.360	3	1.732	2.598
0.5	0.291	0.440	3.5	2.050	3.119
0.6	0.343	0.509	4	2.311	3.469
0.7	0.433	0.693	4.5	2.595	3.888
0.75	0.433	0.650	5	2.886	4.328
0.8	0.433	0.606	5.5	3.177	4.768
1.0	0.572	0.850	6	3.468	5.208

附表 12　梯形螺纹基本尺寸数值表（摘自 GB/T 5796.3—2005）　　　　mm

公称直径 d（第一系列）	螺距 P	中径 $D_2 = d_2$	大径 D_4	小径 d_3	小径 D_1
12	2	11.000	12.500	9.500	10.000
	3	10.500	12.500	8.500	9.000
16	2	15.00	16.500	13.500	14.000
	4	14.00	16.500	11.500	12.000
20	2	19.00	20.500	17.500	18.000
	4	18.00	20.500	15.500	16.000
24	3	22.500	24.500	20.500	21.000
	5	21.500	24.500	18.500	19.000
	8	20.000	25.000	15.00	16.000
28	3	26.500	28.500	24.500	25.000
	5	25.500	28.500	22.500	23.000
	8	24.000	29.000	19.000	20.000
32	3	30.500	32.500	28.500	29.000
	6	29.000	33.000	25.000	26.000
	10	27.000	33.000	21.000	22.000
36	3	34.500	36.500	32.500	33.000
	6	33.000	37.000	29.000	30.000
	10	31.000	37.000	25.000	26.000
40	3	38.500	40.500	36.500	37.000
	7	36.500	41.000	32.000	33.000
	10	35.000	41.000	29.000	30.000

附表 13　梯形螺纹内、外螺纹的中径基本偏差（摘自 GB/T 5796.4—2005）　　　　μm

螺距 P/mm	基 本 偏 差		
	内螺纹 D_2	外螺纹 d_2	
	H / EI	c / es	e / es
1.5	0	−140	−67
2	0	−150	−71

续表

螺距	基 本 偏 差		
	内螺纹	外螺纹	
P/mm	D_2	d_2	
	H	c	e
	EI	es	es
3	0	−170	−85
4	0	−190	−95
5	0	−212	−106
6	0	−236	−118
7	0	−250	−125
8	0	−265	−132
9	0	−280	−140
10	0	−300	−150
12	0	−335	−160
14	0	−355	−180
16	0	−375	−190
18	0	−400	−200
20	0	−425	−212
22	0	−450	−224
24	0	−475	−236
28	0	−500	−250
32	0	−530	−265
36	0	−560	−280
40	0	−600	−300
44	0	−630	−315

续表

附表14　梯形螺纹外螺纹中径公差（T_{d_2}）（摘自 GB/T 5796.4—2005）　　μm

公称直径 d/mm		螺距 P/mm	公 差 等 级		
>	≤		7	8	9
5.6	11.2	1.5	170	212	265
		2	190	236	300
		3	212	265	335
11.2	22.4	2	200	250	315
		3	224	280	355
		4	265	335	425
		5	280	355	450
		8	355	450	560
22.4	45	3	250	315	400
		5	300	375	475
		6	335	425	530
		7	355	450	560
		8	375	475	600
		10	400	500	630
		12	425	530	670
45	90	3	265	335	425
		4	300	375	475
		8	400	500	630
		9	425	530	670
		10	425	530	670
		12	475	600	750
		14	500	630	800
		16	530	670	850
		18	560	710	900

附表15　梯形螺纹内螺纹中径公差（T_{D_2}）（摘自 GB/T 5796.4—2005）　　μm

公称直径 D/mm		螺距 P/mm	公 差 等 级		
>	≤		7	8	9
5.6	11.2	1.5	224	280	355
		2	250	315	400
		3	280	355	450
11.2	22.4	2	265	335	425
		3	300	375	475
		4	355	450	560
		5	375	475	600
		8	475	600	750

续表

公称直径 D/mm		螺距 P/mm	公 差 等 级		
>	≤		7	8	9
22.4	45	3	335	425	530
		5	400	500	630
		6	450	560	710
		7	475	600	750
		8	500	630	800
		10	530	670	850
		12	560	710	900
45	90	3	355	450	560
		4	400	500	630
		8	530	670	850
		9	560	710	900
		10	560	710	900
		12	630	800	1000
		14	670	850	1060
		16	710	900	1120
		18	750	950	1180

附表 16　梯形螺纹标准量针直径 d_0 值及中径参数（摘自 GB/T 22522—2008）　　mm

螺距 P	标准量针 直径 d_0	中径参数	螺距 P	标准量针 直径 d_0	中径参数
2	1.008	1.171	5*	2.866	4.610
2*	1.302	2.601	6	3.106	3.912
3	1.553	1.956	6*	3.177	4.257
3*	1.732	2.826	8	4.120	5.112
4	2.050	2.507	8*	4.400	6.474
4*	2.311	3.777	10	5.150	6.390
5	2.595	3.292	12	6.212	7.823

　　注：当用量针测量梯形螺纹中径出现量针表面低于螺纹外径和测量通端梯形螺纹塞规中径时，按带"＊"号的相应螺距来选择量针。

附录 2 零件检测报告单

零件名称		编号		姓名		日期	
测量零件简图							
测量方法及要求							

检测结果：

序号	项目	规格	量具	测 量 数 据					测量数据处理
				No. 1	No. 2	No. 3	No. 4	No. 5	
1									
2									
3									
4									
5									
6									
7									
8									
9									
10									
11									
12									
13									
14									
15									

注："检测结果"栏中填写：合格、报废、返修。

附录 **3** 评 价 表

评价项目	分值	评价标准	自评	组评	师评
及时完成测量步骤	40	操作步骤正确合理、及时完成			
积极参与活动	15	主动投入，积极完成学习任务			
小组成员合作良好	15	服从组长安排，与同学分工协作			
测量器具摆放规范	15	按要求规范摆放测量器具			
工作现场卫生整洁	15	按要求保持工作现场清洁、整洁			
合 计					

学生签名：　　　　　　　　组员签名：　　　　　　　　教师签名：

活动内容：　　　　　　　　　　　　　　　　　　　　　日期：

参考文献

［1］　崔陵、娄海滨. 零件测量与质量控制技术. 2 版. 北京：高等教育出版社，2018.

［2］　沈学勤，范梅梅. 极限配合与技术测量. 4 版. 北京：高等教育出版社，2019.

郑重声明

高等教育出版社依法对本书享有专有出版权。任何未经许可的复制、销售行为均违反《中华人民共和国著作权法》，其行为人将承担相应的民事责任和行政责任；构成犯罪的，将被依法追究刑事责任。为了维护市场秩序，保护读者的合法权益，避免读者误用盗版书造成不良后果，我社将配合行政执法部门和司法机关对违法犯罪的单位和个人进行严厉打击。社会各界人士如发现上述侵权行为，希望及时举报，本社将奖励举报有功人员。

反盗版举报电话　（010）58581999　58582371　58582488
反盗版举报传真　（010）82086060
反盗版举报邮箱　dd@hep.com.cn
通信地址　北京市西城区德外大街4号
　　　　　高等教育出版社法律事务与版权管理部
邮政编码　100120

防伪查询说明

用户购书后刮开封底防伪涂层，利用手机微信等软件扫描二维码，会跳转至防伪查询网页，获得所购图书详细信息。也可将防伪二维码下的20位密码按从左到右、从上到下的顺序发送短信至106695881280，免费查询所购图书真伪。

反盗版短信举报

编辑短信"JB，图书名称，出版社，购买地点"发送至10669588128

防伪客服电话

（010）58582300

学习卡账号使用说明

一、注册/登录

访问 http://abook.hep.com.cn/sve，点击"注册"，在注册页面输入用户名、密码及常用的邮箱进行注册。已注册的用户直接输入用户名和密码登录即可进入"我的课程"页面。

二、课程绑定

点击"我的课程"页面右上方"绑定课程"，正确输入教材封底防伪标签上的20位密码，点击"确定"完成课程绑定。

三、访问课程

在"正在学习"列表中选择已绑定的课程，点击"进入课程"即可浏览或下载与本书配套的课程资源。刚绑定的课程请在"申请学习"列表中选择相应课程并点击"进入课程"。

如有账号问题，请发邮件至：4a_admin_zz@pub.hep.cn。